室内设计与制图

第2版

伍菲 黄晓瑜 编著

U0227699

清华大学出版社

北京

内 容 简 介

　　室内装修设计图纸是设计师与客户沟通的工具，也是后续施工的重要依据。本书从基本的户型勘察、丈量尺寸、平面图的配置开始讲解，循序渐进地介绍室内装修设计中，设计师可能会遇到的各种问题以及应对方法，并详细地介绍室内设计装修图纸的绘制技巧。

　　作者以多年从业的经验为蓝本，为室内设计初学者和室内设计人员量身打造室内设计专业图书，目的是帮助读者绘制更美观、更专业、更正确的室内设计图纸。

　　本书适合即将和已经开始从事室内设计工作的专业技术人员，想快速提高绘图技能的绘图人员阅读，也可作为大中专院校和培训机构相关专业的教材。

图书在版编目（CIP）数据

室内设计与制图 / 伍菲，黄晓瑜编著 . — 2 版 . — 北京：清华大学出版社，2023.1
ISBN 978-7-302-61765-5

Ⅰ．①室… Ⅱ．①伍… ②黄… Ⅲ．①室内装饰设计－建筑制图 Ⅳ．① TU238

中国版本图书馆 CIP 数据核字 (2022) 第 161835 号

责任编辑：陈绿春
封面设计：潘国文
责任校对：胡伟民
责任印制：曹婉颖

出版发行：清华大学出版社
　　　　　网址：http://www.tup.com.cn，http://www.wqbook.com
　　　　　地址：北京清华大学学研大厦A座　　　邮编：100084
　　　　　社总机：010-83470000　　　　　　　邮购：010-62786544
　　　　　投稿与读者服务：010-62776969，c-service@tup.tsinghua.edu.cn
　　　　　质量反馈：010-62772015，zhiliang@tup.tsinghua.edu.cn
印　装　者：三河市君旺印务有限公司
经　　销：全国新华书店
开　　本：188mm×260mm　　　印　　张：16.5　　字　　数：445千字
版　　次：2017年4月第1版　2023年1月第2版　　印　　次：2023年1月第1次印刷
定　　价：69.00元

产品编号：097623-01

前　言

室内装修设计图纸种类较多，其中最重要的是平面设计图，其中每个物体、线条、尺寸、形状及绘制方法都有严格的绘制标准，通常国内室内设计师都是基于实战经验和习惯展开设计工作的，不像建筑设计与施工那样要遵循明确的国标规范。一些新手或经验不足的设计人员常会出现设计图过于简单、符号标识不清等问题，客户也会质疑其设计水平，甚至施工人员也会对设计图纸产生误解，造成施工错误。

本书内容

本书共 8 章，通过极具代表性的室内设计实例，按照室内制图的规范和顺序，循序渐进地介绍室内设计与工程制图方面的操作方法。

※　第 1 章：本章作为室内设计的入门部分，强调读者必须先掌握相关的基础知识，如前期要进行哪些准备、了解室内设计的风格与环境之间的关系、室内施工现场的测量与分析、室内设计相关的人文习俗、装修工程中所需的强弱电与水暖基础知识等。

※　第 2 章：本章主要讲解在绘制室内设计图前，要明白制图的规范是什么，如何根据制图规范在 AutoCAD 中设置相关的参数与选项。

※　第 3 章：本章主要讲解平面布置图的绘制方法，包括人体尺度、空间位置、色彩等方面的内容。

※　第 4 章：本章将重点讲解室内装饰施工设计图的表现方法，即平面图的相关理论及制图知识。

※　第 5 章：本章主要讲解室内装修设计全套图纸中，例如立面图、节点详图、拆除示意图、新建墙尺寸平面图、弱电配置图（电气图）、给排水配置图、空调配置图等的绘制方法。

※　第 6 章：本章主要讲解如何对二手房进行改造并完成全新装修的方法。

※　第 7 章：本章将详细介绍"每平每屋·设计家 3D 云设计"，在室内快速装修设计中的应用方法。

※　第 8 章：本章主要讲解绘制装修图纸时会遇到的一些绘图技巧或设计技术方面的问题。

素材下载

本书的配套素材和视频教学文件请用微信扫描下面的二维码进行下载。如果在下载过程中碰到问题。请联系陈老师，联系邮箱为 chenlch@tup.tsinghua.edu.cn。

如果有技术性的问题。请扫描下面的技术支持二维码，联系相关技术人员进行处理。

配套素材

视频教学

技术支持

作者信息

本书由桂林信息科技学院的伍菲和黄晓瑜老师编著。感谢您选择了本书，希望我们的努力对您的工作和学习有所帮助，也希望您把对本书的意见和建议告诉我们。

编者

2023 年 1 月

目　录

第3章　绘制户型图和平面配置图

第4章　吊顶装修设计与制图

第5章　绘制其他装修图纸

第6章　房型改造及装修方案设计

第7章　设计家快速装修设计

第 8 章　图纸绘制与装修施工的问题

新手必备基本概念

有些室内设计新手在接到设计任务后，不是对整个项目做前期规划、分析，而是马上利用AutoCAD、SketchUP、3ds Max、Photoshop等主流软件进行图纸设计、三维建模和后期效果图制作，这样一来所做的设计就得不到客户的肯定和采纳，以至于造了人力、物力和时间的浪费。因此，在室内设计之前，必须掌握相关的基础知识，如前期要进行哪些准备、了解室内设计风格与环境之间的关系、室内施工现场的测量与分析、与室内设计相关的人文习俗、装修工程中所需的强弱电与水暖基础知识等。

※　室内装修前的准备工作
※　室内装修风格
※　室内装修设计中的"方位格局"
※　室内装修工程所需的基本图纸

1.1 室内装修前的准备工作

在进行室内装修之前，设计师有很多工作要做，例如在与客户（业主）达成初步的设计意向之后，并非要立即着手完成设计图，而是需要设计师科学地进行现场勘察、与一线施工人员交流、反复地与客户协商并交换意见，最后才是绘制正确的室内设计图纸并进行合理的硬装与软装配置。

1.1.1 与客户深入交流

室内装修的成败、舒适与美观与否，除设计师自身需要具备较高的专业水平并保证装修质量外，还需要得到客户的首肯，毕竟装修的房子是为客户居住而准备的。

首先，设计师要了解客户的基本需求，然后全面了解客户待装房间的基本情况，确定装修级别、设计风格、主要用料，做好客户登记，安排好现场实地勘察时间等。如图1-1所示为设计师与客户交流的情况。

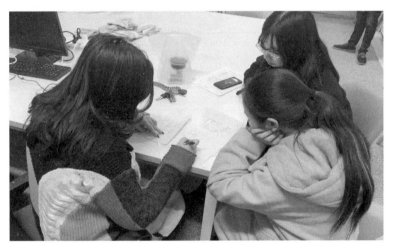

图1-1　设计师与客户进行充分沟通

当客户要求改动房间户型时，应根据相关的建筑与安装安全规范与客户交流、确认，不要轻易做出改动承诺，而且暖气、煤气、自来水管线等的变动也不要轻易承诺。

在与客户（业主）交流时，要本着诚恳、负责的态度，充分赢得其信任。在施工阶段，也要时时与客户交换意见，并积极协商处理出现的问题。总之，要做到贴心服务，诚恳做事。

1.1.2 现场实地勘察与测量

室内设计要突破以往的固定思维（"风俗习惯"除外），如怎样解决客厅视野较差的问题、厨房空间较小的问题、卧室布局的问题等，都需要设计师到现场实地用心观察，按客户的需求对既有的格局做出调整和更改。

实地勘察过程中，须遵循房型测量规范，做到认真细致，标出水管、暖气、卫生间和厨房设施的准确位置，向客户阐明一些基本情况，并提出是否需要修改的建议；其次，要认真填写测量记录单，有约定时间的要保证在约定期限内出具室内施工图纸，并执行施工计划。

进行现场房屋测量时，要准备相应的测量工具。

◆ 卷尺：分为传统尺和鲁班尺，如图1-2所示，室内装修多使用鲁班尺。

第一行同传统尺
第二行阳尺，主要用于现代室内门窗测量
第三行阴尺，古代用于测量排位、造坟等
第四行厘米尺

图1-2 传统尺和鲁班尺

◆ 相机：当考虑到"风俗习惯"和室内户型出现斜面、弧形、圆形、挑空等异形时，有必要对整个建筑物外观和周边的建筑物进行拍照进而加深了解，如图1-3所示。同时，还可以利用相机拍下门牌号记录地址。

图1-3 对建筑物外观拍照

◆ 方格纸或白纸：计算机绘图前，使用铅笔、圆珠笔或其他画笔手绘出大致的房型轮廓图，便于后期对格局进行调整，如图1-4所示。

图 1-4　手绘房型轮廓图

1.1.3　装修现场放线

施工现场放线的目的就是更精准的定位，便于装修过程中的材料安装。

1. 放线工作的前期准备

施工现场放线的前期需要做好详细的准备工作，避免因仓促施工造成不可估量的损失，特别是对工期特别紧的项目，这个工作可以大幅缩短工期。

测量房型后，设计师手绘户型图并利用软件绘制标准图纸（如有可能可向开发商索取）。离开现场回到办公室需要做以下准备工作。

◆ 阅读、核对所有的建筑装修施工图纸，防止设计图纸及施工要求互相矛盾和尺寸出错。

◆ 对发现的问题及时解决，并重新深化设计。各班组施工人员与设计师一起仔细阅读施工图中相关的立面图和剖面图，查看建筑立面的门、窗和装修图纸中的门窗位置、尺寸等是否有出入。

◆ 仔细阅读相关的水、电、暖、消防安装施工图，了解出入口和走向定位，仔细审查是否与装修图纸相吻合。

◆ 将从图纸中发现的各类问题进行整理，然后送报相关设计和施工人员，尽可能在施工现场放线时逐一解决。

接下来是制作现场放线计划，组织放线人员到施工现场进行放线前的相关准备工作。

（1）放线现场的准备。

即使到了施工现场，在放线时也要进行准备，做到施工与规划一致。

依据室内建筑平面图到现场草测，核对图纸上的理论尺寸与现场实际尺寸是否吻合，现场找出土建的轴线和主控线（坐标控制线），如图1-5所示。

图1-5 轴线和主控线示意图

（2）放线时机和工具。

利用空调、给排水、暖通、强弱电单位均未进场施工，土建二次结构又进入尾声时，工地障碍物少，有利于经纬仪器、水准仪等仪器进行放线（减少施工单位进场后，因材料堆放影响放线，增加协调难度），如图1-6所示为放线最佳时期的施工现场状态。

图1-6 放线最佳时期的施工现场状态

除施工图纸外，放线还需准备喷字牌、全自动激光水平仪、卷尺、墨斗、施工白线、吊锤、木工铅笔、自动喷漆等放线工具，如图1-7所示。

激光水平仪　　　　　　喷字牌　　　　　　施工白线　　　　　　自动喷漆

吊锤　　　　　木工铅笔　　　　　卷尺　　　　　　墨斗

图1-7　放线所需工具

（3）五步放线前的主控线与轴线定位。

完成所有的准备工作后，采用五步放线法进行放线。所谓"五步放线法"，就是国内装修公司普遍采用5个步骤进行放线的方法。

实施五步放线前要进行主控线和轴线的定位。根据土建的轴线平移，考虑到能贯穿整个平面的一条线，定为施工中地面的轴线，再根据地面轴线用红外线反引到墙、顶上，成为贯穿顶、地、墙为一体的轴线，再在主轴线上找出合适的位置，定出坐标线，将这两条坐标线定为我们的主控线，如图1-8所示。

图1-8　定位主控线和轴线

注意

以土建主控线复核总包轴线（检查总包轴线是否与理论轴线存在误差），如有误差，测出土建误差数据并标在平面图纸上，然后以理论轴距尺寸减1米，弹墙面控制线，轴线从地面用红外线垂直水准仪移到墙上。

2. 五步放线的具体操作方法

步骤一：定位标高线。

根据土建方在建筑外墙上提供的红三角标记，沿外墙引入室内，定为室内一层楼面的原始 ±0.000 标高，再根据装修图纸上地面材料的要求，定出地面完成面的 ±0.000，根据此 ±0.000 向上量出 1 米，用红外线水平测出该层每面墙的 1 米标高线，如图 1-9 和图 1-10 所示。

图 1-9　1 米线喷涂　　　　　　　　　　　　图 1-10　1 米标高线

按照装修图纸中标注的吊顶标高尺寸，在每面墙上弹出吊顶完成面线、地面完成面线，并标识出机电安装控制标高线。对于高层建筑，根据各层层高依次放出每层的标高线，如图 1-11 所示。

机电安装标高的下三角标识　　吊顶完成面线　　　　　　　地面完成面线

图 1-11　顶面、地面与机电完成面线

注意

　　找出图纸中标高与现场高度不符合的地方，记录在吊顶平面图上，测试各种隐蔽的设备管道是否能在顶部安装。

步骤二：墙面粉刷完成面线。

弹出墙面粉刷完成面线，测量土建墙面平整度，查看是否满足粉刷要求。墙面有个别的面积不大于 $0.5m^2$ 的剔除，大于 $0.5m^2$ 的调整粉刷完成面供设计师调整平面图做参考，如图 1-12 所示。

图 1-12 粉刷完成面线

步骤三：放造型线。

根据草测线的结果，把吊顶造型的大样图放到对应的地面或墙面上，俗称"放造型线"，也称"第三步放线"，如图 1-13 所示。

图 1-13 在地面及墙面放造型线

标出送回风口的尺寸、灯具的尺寸，以及烟感、喷淋设备等的位置，找出图纸尺寸与现场尺寸不符合的地方，记录在顶平面图上，供设计师深化并调整局部平面图，如图 1-14 所示。

走道中心线

木饰面完成面

回风口

清镜完成面

门洞标识

图 1-14 标识并定位

步骤四：平行放线。

以走道中间控制线为基准线，调整走道两侧门的门套内、外墙面完成面线，以确定门套位置，此放线方法称为"平行放线法"，也称"第四步放线"。在施工中也叫"走道施工法"或"门套成品化放线施工法"，如图 1-15 所示。

喷设基准点

测量进户门中线

三角形横边与基准线吻合

图 1-15 平行放线

步骤五：重新放线。

被粉刷覆盖或被磨损掉的墙面、地面及顶面造型的线，要重新放线，也就是二次放线，甚至可以多次放线，如图 1-16 所示。

在基层材料覆盖原始放线标记时，对木石完成面重新放线。

图 1-16 重新放线

1.2 室内装修风格

从以前的简单装修到现在的精致装修，装修风格多种多样，不出国门也能感受到异域风情，是各种装修风格带给我们的别样感受。那么，你喜欢什么样的装修风格呢？每种室内装修风格都有什么特点呢？

最常见的装修风格大致有 13 种，具体介绍如下。

1. 欧式装修风格

延续欧洲特有的风格，一般用在建筑物及室内装修行业，具有欧洲传统艺术的文化特色，效果图如图1-17所示。

图1-17　欧式装修风格

欧式风格以古典柱式为中心，居室装修不只是豪华大气，更多的是惬意与浪漫。通过完美的曲线、精益求精的细节处理，带给家人不尽的舒适触感，实际上和谐才是欧式风格的最高境界。同时，欧式装修风格最适用于大面积的房屋，若空间太小，不但无法展现其风格气势，反而会对居住其间的人造成一种压迫感。

2. 地中海装修风格

地中海风格集北欧与田园风格的大气与温馨于一体，阳光而不失随意与柔和，质朴而温暖。在所有的装修风格中，代表着自然、清爽，或者未来与希望，效果图如图1-18所示。

图1-18　地中海装修风格

地中海装修风格的特点如下。

◆ 明度低、线条简单：拱门与半拱门，马蹄状的门窗，白墙，线条简单且修边圆润的木质家具，而且色彩明度低。圆形拱门及回廊通常采用数个连接或以垂直交接的方式连接，在走动观赏时，能感到延伸般的透视感。墙面（只要不是承重墙）均可运用半穿凿或者全穿凿的方式来塑造室内的景中窗。

◆ 擦漆做旧处理：家具多采用擦漆做旧工艺处理，这种处理方式除了让家具流露出古典家具才有的隽永质感，更能展现家具在地中海的碧海青天之下被海风吹蚀的自然印迹。

◆ 颜色：在颜色上不造作，多以本色呈现。

3. 美式装修风格

美式装修风格起源于 17 世纪，是美国生活方式演变到今日的一种形式。它剔除了羁绊，又具有新的怀旧气息，尊贵大气且随意，效果图如图 1-19 所示。

图 1-19　美式装修风格

美式装修风格特点如下。

- ◆ 布局：客厅简洁明快，宽敞且富有历史气息；卧室温馨，主要考虑其功能性和舒适性，以成套布艺来装点，软装和用色统一。厨房开敞，书房实用，居室繁多，室内绿化较为丰富，装饰画较多。

- ◆ 家具：崇尚古典、优雅和舒适，选材精细，一般以桃花木、樱桃木、枫木及松木制作，家具表面精心涂饰和雕刻，表现出独特的美式风格家居特色。

4. 田园装修风格

田园装修风格是指采用具有"田园"风格的建材进行装修的一种方式。简单来说，就是以田地和园圃特有的自然特征为形式手段，带有一定程度的农村生活或乡间艺术特色，表现自然、闲适的气氛。

根据不同地域，田园装修风格体现的特点有所不同，主要有美式田园、中式田园、法式田园、欧式田园和南亚田园等，田园装修风格的特点如下。

- ◆ 美式田园（乡村）：室内透着阳光、青草、露珠的自然味道，仿佛信手拈来，毫不造作。运用不经雕琢的纯天然木、石、藤、竹、红砖等材料，家具以实用为主，常用松木、橡木等进行装饰，显出陈旧感。而墙纸多以有树叶、高尔夫球、赛马等的图案为主。粗犷的布艺沙发、咖啡色条格纹窗帘、纹理清晰的深色木地板也是装修要点，美式田园风格装修效果图如图 1-20 所示。

- ◆ 中式田园：基调是丰收的金黄色，尽可能选用木、石、藤、竹、织物等天然材料装修。软装方面常有藤制品，有盆栽、瓷器、陶器等摆设，中式田园风格装修效果图如图 1-21 所示。

- ◆ 法式田园：以家具上的洗白处理及配色上的大胆鲜艳为重点。洗白处理使家具流露古典的隽永质感，黄色、红色、蓝色的色彩搭配，则反映丰沃、富足的大地景象。而椅脚被简化的卷曲弧线及精美的纹饰也是优雅生活的体现，法式田园风格装修效果图如图 1-22 所示。

- ◆ 欧式田园：设计上讲求心灵的自然回归感，给人一种扑面而来的浓郁气息。把一些精细的后期配饰融入设计风格之中，充分体现设计师和客户所追求的一种安逸、舒适的生活氛围，欧式田园风格装修效果图如图 1-23 所示。

图 1-20　美式田园风格

图 1-21　中式田园风格

图 1-22　法式田园风格

图 1-23　欧式田园风格

◆ 南亚田园：家具风格显得粗犷，但平和而容易接近。材质多为柚木，光亮感强，也有用椰壳、藤等材料制成的家具，做旧工艺多，并喜做雕花，色调以咖啡色为主，南亚田园风格装修效果图如图 1-24 所示。

图 1-24　南亚田园风格

5. 中式装修风格

以宫殿建筑的室内设计风格为代表，在总体上体现一种气势恢宏、壮丽华贵、细腻大方的大家风范。中式风格造型讲究对称，色彩讲究对比，装修材料以木材为主，图案多为龙、凤、龟、狮等，精雕细琢、瑰丽奇巧。中式风格最能体现我国的家居风范与传统文化的审美意蕴，中式装修风格效果图如图 1-25 所示。

图 1-25　中式装修风格

中式装修风格的特点如下。

◆ 中式装修材料以木质为主，讲究雕刻彩绘、造型典雅，多采用酸枝木或大叶檀等高档硬木，经过工艺大师的精雕细刻，每件作品都有一段精彩的故事，而每件作品都能令人对过去产生怀念，对未来产生一种美好的向往。

◆ 色彩以沉稳的深色为主，因中式家具色彩一般比较深，这样整个居室色彩才能协调，再配以红色或黄色的靠垫、坐垫即可烘托居室的氛围，这样也可以更好地表现古典家具的内涵。

◆ 空间上讲究层次，多用隔窗、屏风来分割，用实木做出结实的框架，中间用榉子雕花，做成古朴的图案。

◆ 门窗对确定中式风格很重要，因中式门窗一般都用榉子做成方格或其他中式传统图案，用实木雕刻成各式题材造型，打磨光滑，富有立体感。

◆ 天花以木条相交成方格形，上覆木板，也可做简单的环形灯池吊顶，用实木做框，层次清晰，漆成花梨木色。

◆ 家具陈设讲究对称，重视文化意蕴。配饰擅用字画、古玩、卷轴、盆景、精致的工艺品加以点缀，更显主人的品位与尊贵，木雕画以壁挂为主，更具有文化韵味和独特风格，体现中国传统家居文化的独特魅力。

6. 东南亚装修风格

东南亚风格的家居设计以其来自热带雨林的自然之美和浓郁的民族特色风靡世界，尤其在气候接近的珠三角地区更受追捧。东南亚装修风格之所以如此流行，正是因为它独有的魅力和热带风情而盖过正大行其道的简约风格，东南亚装修风格效果图如图 1-26 所示。

东南亚装修风格的特点如下。

◆ 材料：东南亚装修风格的家居物品多用实木、竹、藤、麻等材料打造，这些材质会使居室显得自然古朴，仿佛沐浴在阳光雨露中舒畅。

◆ 布艺：布艺装修是东南亚风格装修的最佳搭档，用布艺适当点缀能避免家具单调的气息，令气氛更活跃。在布艺色调的选用方面，东南亚风情标志性的炫色系列多为深色系，但光线会变暗，沉稳中透着贵气，深色的家具适宜搭配色彩鲜艳的装修。

◆ 颜色：在东南亚风格装修中，最抢眼的装修要属绚丽的色彩，由于东南亚地处热带，气候闷热潮湿，为了避免空间的沉闷压抑，因此多用夸张艳丽的色彩冲破视觉的沉闷。斑斓的色彩其实就是大自然的色彩，色彩回归自然也是东南亚装修风格的特色。

图 1-26　东南亚装修风格

7. 简约装修风格

简约装修风格是目前非常流行及受欢迎的一种装修风格，设计的元素、色彩、照明、原材料简化到最少的程度，空间表达含蓄，达到以简胜繁的效果，从而满足人们对空间环境那种感性的、本能的、理性的需求，简约装修风格效果图如图 1-27 所示。

图 1-27　简约装修风格

简约装修风格的特点如下。

◆ 室内空间开敞、内外通透，在空间平面设计中，追求不受承重墙限制的自由。室内墙面、地面、顶棚以及家具陈设，乃至灯具、器皿等均以简洁的造型、纯洁的质地、精细的工艺为其特征。

◆ 装修少，强调形式服务于功能，内部件多使用标准部件，门窗尺寸根据模数制系统设计。

◆ 室内常选用简洁的工业产品，家具和日用品多采用直线条，玻璃、金属也多被使用。

8. 现代装修风格

现代装修艺术将现代抽象艺术的创作思想及其成果引入室内装修设计中。现代装修风格极力反对从古罗马到洛可可等一系列旧的样式传统，力求创造适应工业时代精神，独具新意的简化装修，设计简朴、通俗、清新，更接近人们的生活，现代装修风格效果图如图 1-28 所示。

图 1-28　现代装修风格

现代装修风格的特点如下。

◆ 由曲线和非对称线条构成，如花梗、花蕾、葡萄藤、昆虫翅膀以及自然界各种优美、波状的形体图案等，体现在墙面、栏杆、窗棂和家具等装饰上。

◆ 线条有的柔美雅致，有的遒劲而富于节奏感，整个立体形式都与有条不紊的、有节奏的曲线融为一体。

◆ 大量使用铁制构件，将玻璃、瓷砖等新工艺，以及铁艺制品、陶艺制品等综合运用于室内。

◆ 注意室内外沟通，竭力给室内装修艺术引入新意。

9. 新古典装修风格

新古典装修风格的主要特点是"形散神聚"，用现代的手法和材质还原古典气质，具备古典与现代的双重审美效果，完美的结合也让人们在享受物质文化的同时，得到了精神上的慰藉，新古典装修风格效果图如图 1-29 所示。

图 1-29　新古典装修风格

新古典装修风格的特点如下。

◆ 新古典装修风格是经过改良的古典主义风格，体现了欧洲文化丰富的艺术底蕴，以及开放、创新的设计思想。

◆ 所有的家具式样精炼、简朴、雅致，做工讲究、装修文雅，曲线少，平直表面多，显得更加轻盈、优美。

◆ 配饰以雕刻、镀金、嵌木、镶嵌陶瓷及金属等装修方法为主，装修题材有玫瑰、水果、叶形、火炬等。

10. 日式装修风格

日本建筑，又称"和样建筑"或"日本式建筑"。13～14世纪日本佛教建筑继承7～10世纪的佛教寺庙、传统神社和中国唐代建筑的特点，采用歇山顶、深挑檐、架空地板、室外平台、横向木板壁外墙、桧树屋顶等，外观轻快洒脱，日式装修风格效果图如图1-30所示。

图1-30　日式装修风格

日式装修风格的特点如下。

◆ 以淡雅、简洁为主要特点，有浓郁的日本民族特色，一般采用清晰的线条，居室布置优雅、简洁，有较强的几何感，木格拉门、半透明樟子纸和榻榻米木板地台为其风格特征。

◆ 传统的日式家居将自然界的材质大量运用于居室的装饰和装修中，不推崇豪华奢侈、金碧辉煌，以淡雅节制、深邃禅意为境界，重视实际功能。

11. 北欧装修风格

北欧装修风格是指欧洲北部挪威、丹麦、瑞典、芬兰及冰岛等国的艺术设计风格（主要指室内设计以及工业产品设计），北欧装修风格效果图如图1-31所示。

图1-31　北欧装修风格

北欧装修风格的特点如下。

◆ 顶、墙、地的结合：在建筑室内设计方面，就是室内的顶、墙、地三个面，完全不用纹样和图案装修，只用线条、色块来区分点缀。

◆ 家居设计形式多样化：不使用雕花、纹饰，家居产品也能做到形式多样化，简洁、直接。

12. 简欧装修风格

简欧装修风格泛指欧洲特有的风格，沿袭古典欧式风格的主要元素，融入现代的生活元素。多以象牙白为主色调，以浅色为主，深色为辅。相比拥有浓厚欧洲风味的欧式装修风格，简欧装修风格更为清新，也更符合中国人内敛的审美观念，简欧装修风格效果图如图1-32所示。

图 1-32　简欧装修风格

简欧装修风格的特点如下。

◆ 简欧风格多以象牙白为主色调，以浅色为主，深色为辅。从简单到繁杂、从整体到局部，精雕细琢，镶花刻金都给人一种一丝不苟的感觉。

◆ 保留了材质、色彩的大致感受，浅色和木色家具有助于突出清新和舒雅，格调相同的壁纸、帘幔、地毯、家具、外罩等装修织物布置的家居，蕴含着欧洲传统的历史痕迹与深厚的文化底蕴。

◆ 摒弃了古典风格过于复杂的肌理和装饰，吸收现代风格的优点，简化了线条，凸显简洁美，着力塑造尊贵又不失高雅的居家情调。

13. 混搭装修风格

混搭装修风格糅合东西方美学的精华元素，将古今文化内涵完美地结合于一体，充分利用空间形式与材料，创造出个性化的家居环境。混搭并不是简单地把各种风格的元素堆砌在一起，而是把它们有主有次地组合在一起，混搭装修风格效果图如图1-33所示。

图 1-33　混搭装修风格

混搭装修风格的特点如下。

◆ 随意性：对于装修设计而言，混搭风格结合与凝聚了其他风格的装修元素和特点，最终形成混搭风格，打破了现代与古典、奢靡与庄重、烦琐与简洁之间的界限，这种混搭已经跨越了年代、文化背景和阶层，进而以一种独特而自由的身姿展示在我们的面前。

◆ 自主性：在混搭风格的设计上，其设计师可以不受任何拘束地按照自己的想法进行设计，对于其他风格的特点和元素，可以根据自己的意愿采纳和搭配，最终设计出自己心中所想的装修效果。在某种程度上来说，它是设计师主观意识的一种体现。

◆ 极富个性：混搭风格的最大魅力就在于，它打破了其他装修风格的单一性和固定性，从而显得千变万化。混搭风格在装修的形态、色彩、质感上都没有任何约束。混搭风格在装修材质的搭配上极其自由，金属、玻璃、陶瓷、木材等都可以融合到同一个空间。正因为混搭风格包含了如此多的装修色彩和材质，才足以让空间显得熠熠生辉。

◆ 具有层次感：混搭风格的"随意"并非"随便"，它在其装修设计上，非常讲究视觉的层次感。无论是家具的摆设，还是饰物的搭配，都着重强调其呈现的层次感。因此，即便是融合了这么多装修风格的设计元素，也依旧显得美观而不杂乱。

1.3 室内装修设计中的"方位格局"

随着社会的发展和人们生活品质的提高，人们对于家居装修越来越重视，其中室内方位格局与家居装修设计有着密不可分的关系，同时也关系着全家人的健康与舒适，所以家居装修必定要先了解一些室内方位与格局设计的相关知识。

如今室内装修设计师也投入到方位与格局的设计研究中，期盼能帮助客户解决空间局限的问题，但有些空间的条件并不能完全套用，还需要考虑实际空间格局是否合适，例如"穿堂过"（如图1-34所示）的户型，如果硬要设计一个玄关或者屏风，餐厅及过道势必变得更狭小。

下面介绍在室内装修过程中常见的格局问题与解决方法。

问题格局一：梁压住沙发或床

从专业的角度说，如果家中有横梁，人在下面会感觉不安全，最好在装修的时候进行处理。在装修的过程中，将横梁进行装修处理，诸如安装假天花板，使其从外观上基本看不到，就可以把危害减到最小，如图1-35所示。

图 1-34 存在"穿堂过"的户型

图 1-35 横梁压住了沙发

遇到这种户型的解决方法是，长沙发和床避免放在梁下，或者以装修手法把梁包起来，使其不显露于外即可，如图 1-36 所示。

方式一：重新摆放沙发　　　　　　　　　　　　　　方式二：做吊顶覆盖梁

图 1-36　解决方式

注意

有些人喜欢在家里摆放佛桌，佛桌最好也不要摆放在梁下。

问题格局二：门对门

大门对大门、大门对卧室门、卧室门对卧室门是很不好的。好的户型内部要尽量避免门门相对，特别是卫生间、厨房，都不要和其他功能的房间门、大门在一条直线上。这也是为了保持空气流通和清洁，如图 1-37 所示。

图 1-37　问题格局：门对门

遇到这种户型的解决方法如下。

◆ 在空间允许的情况下，变更其中一个门的位置，如图 1-38 所示。

◆ 将其中一个门设计为暗门。

◆ 若无法更改，可在门上挂上门帘。

图 1-38　解决方式：变更一个门的位置

问题格局三：床头靠近楼梯间

卧室是人睡觉的地方，床的摆放也是有讲究的，若床头靠近楼梯间，会影响睡眠的质量，如图 1-39 所示。

遇到这种户型的解决方法如下。

◆ 若空间无法改变，可于床头墙面加封隔音墙。

◆ 床头避开楼梯间的位置，如图 1-40 所示。

图 1-39　问题格局：床头靠近楼梯间

图 1-40　解决方式：避开楼梯间

问题格局四：化妆镜 / 试衣镜照床头

镜子在卧室的位置很重要，摆放错误会带来烦恼，因为镜子会反光，可以直接影响人的睡眠质量，如图 1-41 所示。

图 1-41　问题格局：化妆镜、试衣镜照床头

遇到这种情况，只需调整家居摆放的位置即可，或者购买可以折叠或遮蔽镜子的家具，如图 1-42 所示。

图 1-42　解决方式：挪动化妆台避免对床头

问题格局五：卧室、卫生间的门正对床

卧室、卫生间的门正对床会影响家人的健康，空气质量不佳，沐浴后更会产生较多的潮气。若洗手间的门正对床，不仅容易使床品潮湿，还容易影响卧室的空气质量，时间长了就会导致腰疼，更会增加肾脏的排毒负担，所以很多客户要求对其进行改造，如图 1-43 所示。

遇到这种户型的解决方法如下。

◆ 在厕所放几盆泥栽观叶植物。

◆ 在床和洗手间门之间加屏风作为遮挡。

◆ 改门的朝向或者床的朝向，如图 1-44 所示。

图 1-43　问题格局：卧室或卫生间门正对床　　　　图 1-44　解决方式：改变门或床的朝向

问题格局六：卧室多窗户及床头靠窗

在现代的房子构造中，不难发现很多户型的床头都是靠近窗户摆放，或者直接摆放在窗户之下的，如图 1-45 所示。睡在床上的人因看不见头上的窗口，容易缺乏安全感，造成精神紧张，影响健康。

图 1-45　问题格局：卧室多窗户及床头靠窗

为了得到足够的光线，在卧室内打造两扇或多扇窗户的户型也很常见，但这样做并不能营造私密的睡眠空间，也不利于休息。

遇到这种户型的解决方法如下。

◆ 封闭多余窗户，卧室仅保留一扇窗户即可，如图 1-46 所示。

◆ 改变床的方位。

图 1-46　解决方式：拆除多余窗户

问题格局七：床对墙角，开门范围及房门对卫生间门

床对到墙角，开门范围及房门对着卫生间门，如图 1-47 所示，对居住者的身体健康影响非常大，湿气会比较重，常年居住易得关节炎，而且空气得不到充分流通，影响卧室及其他房间的空气质量。

遇到这种户型的解决方法如下。

◆　若无法更改卫生间门，可以在卫生间门上挂门帘。

◆　在空间可调整的情况下，可以更改卫生间的门或床的位置，如图 1-48 所示。

图 1-47　问题风格局

图 1-48　解决方式

问题格局八：书桌背对窗户

书桌不能背对窗户，但有一点要注意，书房的窗也不宜对正书桌。就环境而言，书桌正对窗户，人容易被窗外的景物吸引而分神，难以专心工作和学习，这对尚未定性的青少年来说，影响特别严重，如图 1-49 所示。

遇到这种户型，座位背后要靠墙，没有了环境噪声，也不会影响工作和学习，如图1-50所示。

图 1-49　问题格局

图 1-50　解决方式

问题格局九：炉台正前方开窗

炉台正前方是窗户，在有风的情况下会影响炉火的正常燃烧，会产生油烟外溢的现象，必须纠正，如图1-51所示。

遇到这种户型的解决方法如下。

◆ 把炉台正前方的窗户封闭起来，如图1-52所示。

◆ 用不锈钢钢板封闭，还能增加炉台清理的便利性。

图 1-51　问题格局

图 1-52　解决方式

问题格局十：洗衣机不可放在厨房

不要在厨房内洗涤衣服，洗衣机也不要放在厨房内。厨房是做饭的地方，水汽很重，洗衣机必须放置在干燥的地方，这样可以延长洗衣机寿命，如图1-53所示。

遇到这种户型，将洗衣机放置在易于排水、晾晒、通风而不暴晒的场所，如洗衣房、洗手间、走廊等，如图 1-54 所示。

图 1-53　问题格局　　　　　　　　　　图 1-54　解决方式

1.4 室内装修工程所需基本图纸

　　室内装修工程图纸是室内设计方案确定后，为了表达设计意图而绘制的施工图纸。室内装修工程图纸一般由两个部分组成，具体如下。

◆ 装修施工图：指供木工、油工、电工等相关施工人员进行施工的装修施工图。

◆ 效果图：效果图反映的是装修的材料、家具摆放和灯光设计的综合效果表现图。

　　其中施工图是装修施工、预算报价的基本依据，是绘制效果图的基础，效果图必须根据施工图进行绘制。室内装修施工图要求准确、翔实，一般使用 AutoCAD 进行绘制，如图 1-55 所示为某别墅的原始户型图。

图 1-55　某别墅的原始户型图

通常，室内效果图由 3ds Max 或 SketchUp 软件绘制，但有时也使用其他效果图制作软件来绘制，如"每平每屋·设计家 3D 云设计"软件，该软件可以根据施工图进行建模、编辑材质、设置灯光、渲染等工作，最终得到彩色效果图，如图 1-56 所示。

图 1-56　室内装修效果图

室内施工图通常由多张图纸组成，包括室内平面布置图、室内顶棚图、室内立面图、室内设计详图等。

1.4.1　室内平面布置图

室内平面布置图是室内装修施工图纸中的关键性图纸，它是在原建筑结构的基础上，根据业主的要求和设计师的设计意图，对室内空间进行详细的功能划分和室内设施定位的图纸。室内平面布置图包括室内平面设计图和地面材质平面图。

图 1-57 所示为某别墅的一层平面布置设计图；图 1-58 所示为地面铺装图，即地面材质平面图。

图 1-57　室内平面布置图

图 1-58　地面铺装图

一般情况下，凡是剖到的墙、柱的断面轮廓线用粗实线表示；家具、陈设、固定设备的轮廓线用中实线表示；其余投影线以细实线表示。

图 1-59 所示为钢筋混凝土墙、柱采用涂黑画法绘制的图纸。

图 1-59　钢筋混凝土墙、柱采用涂黑画法绘制的图纸

图 1-60 所示为地面的表示方法。

图 1-60　地面的表示方法

1.4.2　室内顶棚图

室内顶棚图主要表示墙、柱、门、窗洞口的位置；顶棚的造型，包括浮雕、线角等；顶棚上的灯具、通风口、扬声器、烟感报警器、喷淋等设备的位置。

与平面布置图类似，室内顶棚图也是室内装修设计图中不可缺少的图样，如图 1-61 所示。

图 1-61　室内顶棚图

1. 顶棚平面图的画法

凡是剖到的墙、柱的断面轮廓线用粗实线绘制；门、窗洞口的位置用虚线绘制；天花造型、灯具设备等用中实线绘制；其余线条用细实线绘制。

2. 顶棚平面图的标注内容

顶棚平面图的标注内容包括：天花底面和分层吊顶的标高；分层吊顶的尺寸、材料；灯具、风口等设备的名称、规格和能够确定其位置的尺寸；详图索引符号；图名和比例等。

1.4.3 室内立面图

将室内空间立面向与之平行的投影面上投影，所得到的正投影图成为室内立面图，主要表达室内空间的内部形状、空间的高度、门窗的形状和高度、墙面的装修做法及所用材料等，如图1-62所示为室内立面图。

图 1-62　室内立面图

3. 立面图的主要内容

立面图的主要内容包括：墙面、柱面的装修做法，包括材料、造型、尺寸等；表示门、窗及窗帘的形式和尺寸；表示隔断、屏风等的外观和尺寸；表示墙面、柱面上的灯具、挂件、壁画等装饰；表示山石、水体、绿化的做法形式等，如图1-63所示为某居室的卫生间立面图。

图 1-63　卫生间立面图

4. 立面图的画法

立面图的最外轮廓线用粗实线绘制，地坪线可用加粗线（粗于标注粗度的1.4倍）绘制，装修构造的轮廓和陈设的外轮廓线用中实线绘制，对材料和质地的表现宜用细实线绘制。

5. 立面图的标注内容

立面图的标注内容包括：纵向尺寸、横向尺寸和标高；材料的名称；详图索引符号；图名和比例等，如图1-64所示为某客厅立面图。

图1-64 某客厅立面图

6. 立面图常用的比例

室内立面图常用的比例是1:50、1:30，在这个比例范围内，基本可以清晰地表达室内立面上的形状。

1.4.4 室内设计详图

室内设计详图是室内设计中重点部分的放大图和结构做法图。一个工程需要画多少张详图，画哪些部位的详图要根据设计情况、工程大小以及复杂程度而定。

1. 详图的主要内容

一般工程需要绘制墙面详图；柱面详图；楼梯详图；特殊的门、窗、隔断、暖气罩和顶棚等建筑构配件的详图；服务台、酒吧台、壁柜、洗面池等固定设施设备的详图；水池、喷泉、假山、花池等造景详图；专门为该工程设计的家具、灯具详图等。绘制内容通常包括纵横剖面图、局部放大图和装修大样图，如图1-65所示。

图 1-65　室内设计详图

2. 室内设计详图的画法

凡是剖到的建筑结构和材料的断面轮廓线以粗实线绘制，其余线条以细实线绘制。

3. 详图的标注

详细标注加工尺寸、材料名称以及工程做法。

绘制装修设计图前的准备

在绘制室内设计图前，我们要明白制图的规范是什么，如何根据制图规范在 AutoCAD中设置相关的参数与选项，本章将具体讲述这方面的内容。

※ 了解室内设计制图规范

※ 制作国标（GB）室内设计制图样板

※ 绘制图纸时的其他注意事项

2.1 了解室内设计制图规范

本章涉及的制图规范将严格按照国家标准（GB）有关规定执行。

在进行室内设计工作的过程中，施工图的绘制是表达设计师设计意图的重要手段之一，是设计师与各相关专业人员之间交流的标准化语言，是控制施工现场能否充分、正确理解并实施设计理念的重要环节，是衡量设计团队的设计管理水平是否专业的重要标准。专业化、标准化的施工图操作流程规范，不但可以帮助设计师深化设计内容，完善构思想法，同时面对大型公共设计项目及大量的设计订单，行之有效的施工图规范与管理，也可以帮助设计团队在保持设计品质及提高工作效率方面起到积极有效的作用。

如图 2-1 所示为常见的室内设计平面图。

图 2-1　室内设计平面图

1. 图纸幅面规格

图纸幅面是指图纸本身的规格尺寸，也就是我们常说的"图签"，为了合理使用并便于图纸管理装订，室内设计制图的图纸幅面规格尺寸延用了建筑制图的国家标准，如表 2-1 所示。

表 2-1　图纸幅面及图框尺寸（mm）

尺寸代号	幅面代号				
	A0	A1	A2	A3	A4
b×L	841×1189	594×841	420×594	297×420	210×297
c	10			5	
a	25				

2. 标题栏与会签栏

标题栏的主要内容包括：设计单位名称、工程名称、图纸名称、图纸编号、项目负责人、设计人、绘图人、审核人等项目内容。如有备注说明或图例简表也可视其内容放置其中。标题栏的长宽与具体内容可根据具体工程项目进行调整。

室内设计中的设计图纸一般需要审定，水、电、消防等相关专业负责人要会签，此时可以在图纸装订一侧设置会签栏，不需要会签的图纸可不设会签栏。

以下以 A2 图幅为例，常见的标题栏布局形式如图 2-2 所示。

图 2-2　图框标题栏及会签栏

3. 室内设计常用的比例

室内设计图中的图形与其实物相应要素的线性尺寸之比称为"比例"。比值为 1 的比例，即 1:1 称为"原值比例"，比例大于 1 的比例称为"放大比例"，比例小于 1 的比例则称为"缩小比例"。绘制图样时，采用如表 2-2 所示的国标规定比例。

表 2-2　国标规定的比例

图名	常用比例
平面图、天花平面图	1:50、1:100
立面图、剖面图	1:20、1:50、1:100
详图	1:1、1:2、1:5、1:10、1:20、1:50

4. 图线及用法

图线分为粗线、中粗线、细线三类。画图时，根据图形的大小和复杂程度，图线宽度 d 可在0.13、0.18、0.25、0.35、0.5、0.7、1、1.4、2（mm）数系（该数系的公比为 $1:\sqrt{2}$）中选取。粗线、中粗线、细线的宽度比率为4:2:1。由于图样复制中所存在的困难，应尽量避免采用0.18以下的图线宽度。

室内设计图中常用图线的名称、型式及用途如表2-3所示。

表2-3　图线及用途

名称		线型	计算机线型名称	笔宽	用途
实线	粗		Continuous	b	主要可见轮廓线，装修完成面剖面线
	中		Continuous	$0.5b$	空间内主要转折面及物体线角等外轮廓线
	细		Continuous	$0.25b$	地面分割线、填充线、索引线等
虚线	粗		Dash	b	详图索引、外轮廓线
	中		Dash	$0.5b$	不可见轮廓线
	细		Dash	$0.25b$	灯槽、暗藏灯带等
单点画线	粗		Center	b	图样索引的外轮廓线
	中		Center	$0.5b$	图样填充线
	细		Center	$0.25b$	定位轴线、中心线、对称线
双点画线	粗		2SASEN8	b	假想轮廓线、成型前原始轮廓线
	中		2SASEN8	$0.5b$	
	细		2SASEN8	$0.25b$	
折断线			无	$0.25b$	图样的省略截断画法
波浪线			无	$0.25b$	断开界线

注意：上表中的b为所绘制的本张图纸上可见轮廓线设定的宽度，b=0.4~0.8mm。

5. 剖面符号的规定

在绘制图样时，往往需要将形体进行剖切，应用相应的剖面符号表示其断面，如图2-3所示。

图2-3　剖面符号

6. 字体的规定

在室内设计图纸中，除图形外还需用汉字、英文、数字等来标注尺寸和说明使用材料、施工要求、用途等。

（1）汉字字体。

图中汉字、字符和数字应做到排列整齐、清楚正确、尺寸协调一致。汉字、字符和数字并列书写时，汉字字高略高于字符和数字的字高。

文字的字高应为 3.5、5.0、7.0、10、14、20mm。如需书写更大的字，其高度应按比值递增。在不影响出图质量的情况下，文字的高度不小于 2.5mm。

除单位名称、工程名称、地形图等及特殊情况外，字体均应采用 AutoCAD 的 SHX 字体，汉字采用 SHX 长仿宋体。图纸中的字型尽量不使用 Windows 的 TureType 字体，以加快图形的显示速度。同一图形文件内字体不超过 4 种。

（2）数字。

尺寸数字分直体和斜体两种，斜体字向右倾斜与垂直线夹角约为 15°。

（3）英文字体。

英文字体也分成直体和斜体两种，斜体也与垂直线夹角约为 15°。英文字母分大写和小写，大写显得庄重稳健，小写显得秀丽活泼，应根据场合和要求选用。

7. 引出线、材料标注

在用文字注释图纸时，引出线应采用细直线，不能用曲线。引出线同时索引相同部分时，各引出线应相互保持平行。常见的几种引出线标注方式如图 2-4 所示。

索引详图的引出线，应对准圆心，如图 2-5 所示。

图 2-4　引出线标注　　　　　　　　　　图 2-5　索引详图的引出线

如图 2-6 所示为引线标注的范例。

图 2-6　引线标注的范例

8. 尺寸标注原则

在标注尺寸时应遵循以下原则。

◆ 所标注的尺寸是形体的实际尺寸。

◆ 所标尺寸均以毫米（mm）为单位，但不写出。

◆ 每一个尺寸只标注一次。

◆ 应尽量将尺寸标注在图形之外，不要与视图轮廓线相交。

◆ 尺寸线要与被标注的轮廓线平行，尺寸线从小到大、从里向外标注，尺寸界线要与被标注的轮廓线垂直。

◆ 尺寸数字要写在尺寸线上边。

◆ 尺寸线尽可能不要交叉，尽可能符合加工顺序。

◆ 尺寸线不能标注在虚线上。

如图 2-7 所示为尺寸标注范例。

图 2-7　尺寸标注

9. 详图索引标注

详图在本张图纸上时，表示为如图 2-8 所示的标注样式。

详图不在本张图纸上时，表示为如图 2-9 所示的标注样式。

图 2-8　详图在本图纸上　　　　　图 2-9　详图不在本张图纸上

索引详图的名称表示为如图 2-10 所示的标注样式。

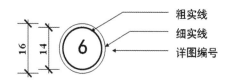

图 2-10　索引详图的名称

10. 图名、比例标注

图名标注在所标示图的下方正中，图名下画双画线。比例紧跟其后，但不在双线之内，如图 2-11 所示。

图名、比例完整的标注方法，如图 2-12 所示。

图 2-11　图名、比例标注　　　　　图 2-12　完整的图名、比例标注

11. 立面索引指向符号

在平面图内指示立面索引或剖切立面索引的符号，如图 2-13 所示。

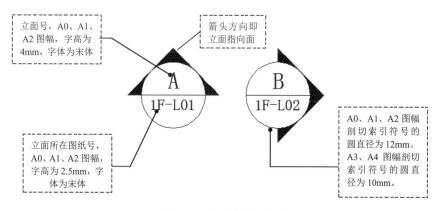

图 2-13　索引符号示意图

如果一幅图内含多个立面时可采用如图 2-14 所示的形式；若所引立面在不同的图幅内可采用如图 2-15 所示的形式。

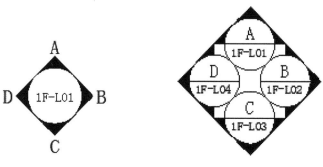

图 2-14　同时标注 4 个面　　　　图 2-15　不同幅面的索引标注

如图 2-16 所示的符号作为所指示立面的起止点之用。

如图 2-17 所示的符号作为剖立面索引指向。

图 2-16 指示立面的起止点　　　　　　　　　图 2-17 剖立面索引指向

12. 标高标注

标高标注用于表示天花造型及地面的装修完成面的高度。在不同的幅面中，标高的字体高度也会不同。

◆ 符号笔号为 4 号色，适用于 A0、A1、A2 图幅字高为 2.5mm，字体为宋体的标高标注样式如图 2-18 所示。

◆ 符号笔号为 4 号色，适用于 A3、A4 图幅字高为 2mm，字体为宋体的标高标注样式如图 2-19 所示。

图 2-18 A0、A1、A2 图幅的标高　　　　图 2-19 A0、A3、A4 图幅的标高

◆ 由引出线、矩形、标高、材料名称组成，适用于 A0、A1、A2 图幅字高为 2.5mm，字体为宋体，如图 2-20 所示。

◆ 由引出线、矩形、标高、材料名称组成，适用于 A3、A4 图幅字高为 2mm，字体为宋体，如图 2-21 所示。

图 2-20 标高标注一　　　　　　　　　图 2-21 标高标注二

标高标注符号常用于标注大样图（详图），如图 2-22 所示为标注范例。

FFL=0. 200

FFL=0. 000

图 2-22 标高标注范例

2.2 制作国标（GB）室内设计制图样板

AutoCAD 软件中没有完全符合国标（GB）制图的模板，所以在新建 AutoCAD 制图文件时，选择国际标准（ISO）的样板，以此配置符合国标（GB）室内设计制图的标准样板。

2.2.1 使用 AutoCAD 提供的样板文件

如图 2-23 所示为通过 AutoCAD 2022 开始界面浏览样板文件（也称为"模板"）。

图 2-23 在开始界面上浏览样板文件

◆ Acad 类型：为英制的布局样板文件。

◆ Acad iso 类型：为国际标准（公制）的布局样板文件。

◆ Totorial 类型：此类型包括 4 种特殊样板文件，如 iArch 为英制建筑样板文件；iMfg 为英制机械样板文件；mArch 为公制 A1 布局的、有图框边界的机械样板文件；mMfg 为公制 A1 的、无图框边界的机械样板文件。

结合上述的样板文件，要建立符合国标（GB）的室内设计样板，有两种选择：一种是选择公制的 Acad iso 样板作为基础，进而设置相关的选项和参数；另一种就是选择英制的建筑样板文件 Totorial-iArch 作为基础，进而重新设置单位及其他选项。

本节将以选择 Acad iso 样板作为基础，详解国标（GB）室内设计样板文件的制作方法。

2.2.2 熟悉 AutoCAD 2022 制图环境

AutoCAD 2022 提供了"草图与注释""三维建模"和"AutoCAD 经典"3 种工作空间模式，用户在工作状态下可以随时切换工作空间。

在程序的默认状态下，窗口中打开的是"草图与注释"工作空间。"草图与注释"工作空间的工作界面主要由菜单浏览、快速访问工具栏、信息搜索中心、菜单栏、功能区、文件选项卡、绘图区、命令行、状态栏等元素组成，如图 2-24 所示。

图 2-24 AutoCAD 2022 "草图与注释"空间工作界面

技术要点：

初次打开 AutoCAD 2022 软件显示的界面为黑色背景，与绘图区的背景颜色一致，如果你觉得黑色不美观，可以通过在菜单栏执行"工具"→"选项"命令，打开"选项"对话框，然后在"显示"选项卡中设置窗口的"颜色主题"为"明"即可，如图 2-25 所示。

图2-25 设置功能区窗口的背景颜色

技术要点：

　　同样，如果需要设置绘图区的背景颜色，也可以在"选项"对话框的"显示"选项卡中进行颜色设置，如图2-26所示。

图2-26 设置绘图区背景颜色

2.2.3 设置绘图单位与图形界限

　　选择Acad iso样板文件进入AutoCAD 2022制图环境（也称为"模型空间"）后，首要的任务就是设置绘图单位。

　　动手操作：设置绘图单位

Step01 设置单位的命令在AutoCAD菜单栏中，但第一次启动AutoCAD 2022时，其菜单栏是隐藏的。

Step02 在快速访问工具栏中单击"自定义快速访问工具栏"按钮 ，在弹出的菜单中执行"显示菜单栏"命令，显示菜单栏，如图 2-27 所示。

图 2-27　显示菜单栏

Step03 在菜单栏中执行"格式"→"单位"命令，打开"图形单位"对话框。设置长度类型为"小数"，精度为 0，单位为"米"，其余保留默认，如图 2-28 所示。

图 2-28　设置图形单位

Step04 单击该对话框中的"确定"按钮，完成图形单位的设置。

技术要点：

如果忘记了设置图形单位这一步，也没有关系，可以在设置尺寸标注样式时再设置标注主单位。

动手操作：设置图形界限

设置图形界限是为了便于绘制图幅边界，更是图纸完成后打印出图的依据。下面以 A3 图幅（横幅）为例，设置绘图界限。

Step01 在菜单栏中执行"格式"→"图形界限"命令，然后在"指针输入"文本框或命令行中输入 0 和 0 绝对坐标作为图形界限的第一角点，如图 2-29 所示。

Step02 随后在光标的移动过程中再输入 420 和 297 绝对坐标并按 Enter 键，完成图形界限的设定，如图 2-30 所示。

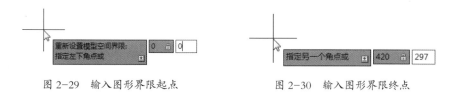

图 2-29 输入图形界限起点　　　　　图 2-30 输入图形界限终点

技术要点：

由于 A3 标准图幅（横幅）的尺寸是 420×297，是以毫米作为单位的，但在建筑及室内设计中，特别是规划图之类，其尺寸单位为米，但我们可以按本章表 2-2 提供的比例进行比例缩小绘制。标注尺寸时再设定尺寸比例即可，其方法将在后面的章节中详细介绍。

Step03 设置图形界限后，是无法看见的，必须启用栅格显示。先在图形区左下角单击选中坐标系，然后拖曳其原点到图形区的其他位置上放置，如图 2-31 所示。

图 2-31 移动坐标系

Step04 在状态栏上单击"显示图形栅格"按钮，随即用栅格来表现设置的图形界限，如图 2-32 所示。

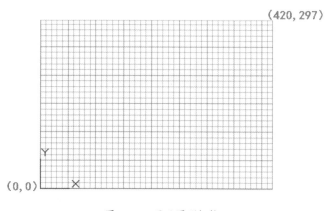

图 2-32 显示图形栅格

2.2.4　标准图纸与图层的应用

图层的设定可以提高制图效率、方便图纸文件的交流，甚至对于深化图纸设计也有很大的帮助。此外，前面提到的线型与线宽的设定也可以随图层的属性一同调整，在布局空间或模型空间内，开关图层便于图纸内容的修改与核对。

在绘图的过程中经常会插入其他设计公司的图纸图块，为了避免其他图层图块与用户的图层掺杂在一起不方便查找，因此图层均以阿拉伯数字"0"开头，排在计算机图层的最前面，方便查找编辑。

图层为构成一张图纸的基本内容，可以根据不同情况有所增减，此外图层亦可附带图线的线型、色号的特性，具体内容参见表2-4。

表 2-4　常见图层的设置

图层名称		线型	色号	备注
图框 _ 外框线		Continuous	4 号	线宽 0.09mm
图框 _ 内框线		Continuous	4 号	线宽 0.5mm
图框 _ 角线		Continuous	4 号	线宽 0.6mm
图签	0-000 图签	Continuous	色号可调	可制成母图便于修改
轴线	0-100 轴线	Center	8 号	注意线型尺寸的调整
墙	0-110 承重墙、柱	Continuous	4 号	
	0-111 非承重墙	Continuous	色号可调	
	0-112 加建隔墙	Continuous	色号可调	在填充图例内注明隔墙的材料属性
	0-113 装修完成面	Continuous	色号可调	所有饰面材料的最终外轮廓线
门	0-120 门	Continuous	色号可调	注意对应门表
	0-121 门墙	Continuous	色号可调	注意在平面和天花图层之间的开关
窗	0-130 窗	Continuous	色号可调	注意对应窗表
标注	0-140 标注	Continuous	色号可调	可据图面要求分层设置，如在布局空间内标注，也可不必分过多的层
吊顶	0-150 吊顶	Continuous	色号可调	
	0-151 天花灯饰	Continuous dashed	8 号	
	0-152 灯槽	dashed	8 号	注意线型尺寸的调整
地面	0-160 地面铺装	Continuous	8 号	
	0-161 室外附建部分	Continuous	色号可调	
	0-163 楼梯	Continuous	色号可调	
家具	0-170 活动家具	Continuous dashed	8 号	
	0-171 固定家具	Continuous dashed	色号可调	
	0-172 到顶家具	Continuous dashed	色号可调	
	0-173 绿化、陈设	Continuous	色号可调	
	0-174 洁具	Continuous	色号可调	

图层名称		线型	色号	备注
立面	0-180 立面	Continuous dashed	色号可调	
机电	0-190 机电	Continuous	色号可调	包含烟感、喷淋等专业图层
默认层	DEFPOINTS	Continuous	色号可调	此图层打印时不显示
这里用 0-000 索引的目的是，在作图过程中，如有其他图层插入时，可以使预设好的图层排列在前端。				A：4 号线宽为 0.6mm；8 号线为 0.15mm；其余线型均为 0.3mm/ 适用于 A2、A1、A0
图层共分以上几部分，当每部分需要细化时，可在此基础上设定新图层。				B：4 号线宽为 0.5mm；8 号线为 0.09mm；其余线型均为 0.25mm/ 适用于 A4、A3 C：图内文字及标注字高为 2.5/ 适用于 A4、A3 D：图内文字及标注字高为 3/ 适用于 A2、A1、A0
图纸完成后应核对各图层的开关情况，核对图纸的比例与标注是否对应。				

下面以创建"图纸图框"的图层为例，介绍图层的创建方法。

动手操作：创建图纸图框图层

Step01 在命令窗口中输入 LAYER 并按 Enter 键，打开如图 2-33 所示的"图层特性管理器"面板。

图 2-33　"图层特性管理器"选项面板

Step02 单击"新建图层"按钮 ，或按快捷键 Alt+N，创建一个新的图层，在"名称"框中输入新图层的名称"图框_外框线"。在线宽列单击可选择线宽为 0.09mm，如图 2-34 所示。

图 2-34　创建墙体图层

Step03 设置图层颜色。单击"图框_内框线"图层的颜色图标，打开如图 2-35 所示的"选择颜色"对话框，根据绘图需要选择所需的图层颜色（选 4 号），完成后单击"确定"按钮关闭对话框。

图 2-35　"选择颜色"对话框

技术要点：

图形最终的打印颜色取决于打印样式的设置，这里设置图层颜色主要用于区分图形，例如墙体图层颜色一般与门窗图层使用不同的颜色。

Step04 该图层的其他特性保持默认，图层创建完成。

Step05 同理，再依次建立"图框_内框线"和"图框_角线"图层，如图 2-36 所示。

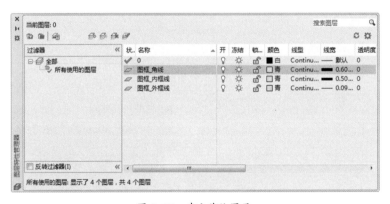

图 2-36　建立其他图层

2.2.5　绘制图框、会签栏和标题栏

GB 标准图纸的图框由图幅（外框线）、图框（内框线）、会签栏和标题栏组成，如图 2-37 所示。

图 2-37　标准图纸图框

设置了图形界限，下面接着利用 AutoCAD 绘图命令绘制图幅和图框。

动手操作：绘制图幅图框

Step01 在功能区"默认"选项卡的"图层"面板中，选择"图框_外框线"图层为当前工作图层，如图 2-38 所示。

图 2-38　选择当前图层

Step02 执行"矩形"命令 □▾，在命令行中输入左下角点坐标(0,0)，再输入右上角点坐标(420,297)，绘制的矩形如图 2-39 所示。

Step03 执行"偏移"（O）命令 ⬛，选择矩形向内偏移，且偏移距离为5，结果如图 2-40 所示。

图 2-39　绘制图幅（外框线）

图 2-40　绘制偏移线

Step04 选中偏移线，然后将光标放置在左侧线的中点处，稍后弹出命令菜单，执行"拉伸"命令，如图 2-41 所示。

Step05 水平向右移动，输入移动值为20，如图 2-42 所示。

图 2-41　选中边线执行"拉伸"命令　　　　　　图 2-42　向右平移

Step06 再选中平移边线后的矩形（内框线），然后选择"图框 _ 内框线"图层，此操作的意义是将选中的图形从当前图层转移到另一个图层，转移图层后的效果如图 2-43 所示。

图 2-43　选中内框线转移图层

Step07 在菜单栏执行"格式"→"线宽"命令，打开"线宽设置"对话框。选中"显示线宽"复选框后并关闭对话框，此时会发现内框线实际的线宽已显示出来，显示线宽的前后效果如图 2-44 所示。

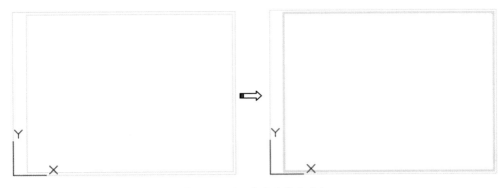

图 2-44　显示线宽的前后对比

动手操作：绘制会签栏和标题栏

Step01 绘制标题栏。执行菜单栏中的"格式"→"表格样式"命令，或者在功能区"默认"选项卡的"注释"面板中单击"表格"按钮 ⊞ 表格，弹出"插入表格"对话框，并设置如图 2-45 所示的选项及参数。

图 2-45　设置表格选项及参数

Step02 单击"确定"按钮，在图框线右下角附近放置表格，并拖曳表格右下角与图框右下角重合，如图 2-46 所示。

图 2-46　放置表格

Step03 在表格中框选要进行编辑的多个单元格，如图 2-47 所示。

图 2-47　框选单元格

Step04 在弹出的"表格单元"选项卡的"合并"面板中单击"合并单元"按钮，合并框选的多个单元格，如图 2-48 所示。

图 2-48　合并单元格

Step05 使用同样的方法对其他单元格进行合并，结果如图 2-49 所示。

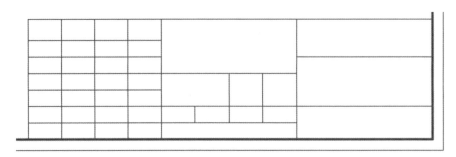

图 2-49　完成标题栏单元格编辑

Step06 重新执行"表格"命令，打开"插入表格"对话框，设置如图 2-50 所示的表格参数及选项。

图 2-50　设置表格参数及选项

Step07 单击"确定"按钮将表格放置在内框线外侧、外框线内侧，此表格为会签栏，如图 2-51 所示。

图 2-51　放置表格完成会签栏的建立

2.2.6　关于线宽与线型的设定

线宽与线型的设置可以在绘图前进行，也可以在绘图后进行。但是我们要养成一个良好的习惯，在绘图前设置，这样可以避免后续出错。当然对于较为简单的图形，整个图纸的组合元素不是很复杂的情况下，绘图后再设置也是可以的。

例如，前面介绍的图层应用，其实就是绘图前进行线宽与线型的设置。那么，什么是绘图后的设置呢？如图 2-52 所示，功能区"默认"选项卡的"特性"面板中的工具命令，就是用于绘图后设置线宽与线型的。

值得强调的是，使用特性来设置线宽和线型存在一个弊端，那就是这种线型、线宽设置只有绘图者自己清楚地知道每条线的设置值，若别人接手后面的工作，将无法在短时间内查询线宽、线型的设置值，从而增加了修改图纸的难度。当然，除了这种绘图后的设置方式，我们还可以利用"打印样式编辑器"进行设置，具体方法将在 2.4 节中详细介绍。

下面介绍除了图层设置线宽、线型方式的其余两种设置方法。给出如图 2-53 所示的图例，在前面已经建立好的 A3 横幅图框中绘制。

图 2-52　"特性"面板

图 2-53　图例

动手操作：通过"特性"面板命令设置颜色、线宽与线型

通过"特性"面板设置颜色、线宽和线型仅针对某个图线对象，对图层中的其他元素不会产生任何影响。

Step01 利用"直线""圆""样条曲线拟合""图案填充"等命令，结合图 2-52 的图例中的尺寸，绘制节点图，如图 2-54 所示。

图 2-54　绘制图形

技术要点：

在绘制此图形前，执行菜单栏中的"修改"→"缩放"命令，暂时把图框放大 1000 倍，用实际的 A3 图幅比例进行绘制。

Step02 从绘制的图形分析得知，线型应该包括可见轮廓线、剖面轮廓线、折断线、填充线和中心线。根据 2.1 节"图线及用法"中提供的线型、线宽及颜色参考，先选中剖切面轮廓线，然后在"特性"面板上分别选择"颜色"为青、"线宽"为 0.50 毫米，如图 2-55 所示。

图 2-55　选中剖切面轮廓线设置颜色与线宽

Step03 选中可见轮廓线，并设置"颜色"为青、"线宽"为 0.25 毫米，如图 2-56 所示。

图 2-56　选中外轮廓线设置颜色与线宽

Step04 选中圆形的中心线，然后设置"颜色"为红、"线宽"为 0.13 毫米，如图 2-57 所示。

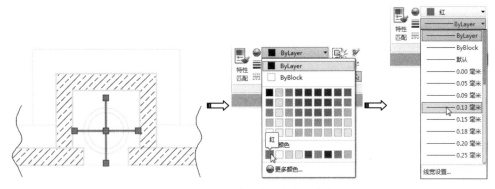

图 2-57　设置中心线的颜色与线宽

Step05 继续为中心线设置线型。在"线型"列表中没有中心线线型，可以单击列表底部的"其他"选项，弹出"线型管理器"对话框。单击该对话框中的"加载"按钮，如图 2-58 所示。

图 2-58　打开"线型管理器"对话框

Step06 在随后弹出的"加载或重载线型"对话框中，选择"可用线型"列表中的 CENTER（中心线）线型，并单击"确定"按钮，如图 2-59 所示。

Step07 在"线型管理器"对话框中选中加载的 CENTER 线型，单击"隐藏细节"按钮，并在下方的"全局比例因子"文本框内输入 0.5000，最后单击"确定"按钮完成线型的加载，如图 2-60 所示。

图 2-59　加载 CENTER 线型　　　　　　图 2-60　设置线型的全局比例因子

Step08 再选中两条中心线，然后在"特性"面板的"线型"列表中选择 CENTER 线型即可，如图 2-61 所示。

图 2-61　为中心线设置新线型

Step09 最终图形的颜色、线宽和线型设置完成的效果如图 2-62 所示。很明显，除了 0.5mm 线宽的剖面轮廓能看出线宽，其余线型基本上没有变化。这是为什么呢？本书将在 2.4 节中介绍另一种处理方法。

图 2-62　设置完成的颜色、线宽和线型

动手操作：通过图线的"特性"设置颜色、线宽与线型

有时候，我们会对某个单一图线进行颜色、线宽和线型的设置，还可以用执行快捷菜单中的"特性"命令，打开"特性"控制面板的方法。具体操作如下。

Step01 接着上一个案例的结果进行操作。选中两条折断线，再单击右键并执行快捷菜单中的"特性"命令，打开"特性"控制面板，如图 2-63 所示。

Step02 在"特性"控制面板上的"常规"选项区中，设置"颜色"为绿、"线宽"为 0.13mm，如图 2-64 所示。

图 2-63　选中折断线执行快捷菜单命令

图 2-64　设置颜色和线宽

Step03 设置完成后单击"特性"控制面板左上角的"关闭"按钮 ×，关闭控制面板。设置的结果如图 2-65 所示。

图 2-65　关闭控制面板并完成特性设置

动手操作：通过"特性匹配"设置颜色、线宽与线型

如果图形中有很多相同线型、线宽及颜色的元素，且在没有建立图层的情况下，也可以采用特性匹配的方式，快速设置颜色、线宽与线型。

技术要点：

特性匹配之前，需要先为同类型图线中的某一条线设置颜色、线宽和线型。

Step01 在功能区"默认"选项卡的"特性"面板中单击"特性匹配"按钮📋。

Step02 选择线宽为0.5mm的剖切面轮廓线作为源对象，鼠标指针由 □ 变为📌，如图2-66所示。

图 2-66　选取要匹配的源对象

Step03 依次选取可见的外轮廓线（线宽为0.25mm）进行匹配，匹配的结果如图2-67所示。

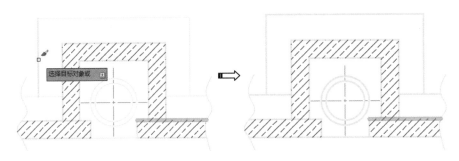

图 2-67　特性匹配对象

2.2.7　GB标准图纸中的文字

室内设计图纸中的文字根据标注对象的不同大致分3种——书写标题栏的文字、立面图中的引线标注文字、平面布置图中房间名和尺寸标注文字等。示范图例如图2-68所示。

依据GB室内制图规范，范例图中的文字主要用"仿宋_GB2312"字体，当然有些规范图纸中也会使用Arial字体作为尺寸标注文本，黑体字作为说明文字，如图2-69所示。

注意：

若计算机上没有"仿宋_GB2312"字体，可以从网络中搜索下载，然后安装即可。

图 2-68 文字标注范例图

图 2-69 标注范例

无论采用什么字体，图中汉字、字符和数字应做到排列整齐、清楚正确、尺寸协调一致。汉字、字符和数字并列书写时，汉字字高略高于字符和数字字高。

下面就文字使用前的设置做简要介绍。

动手操作：设置文字样式

Step01 在菜单栏执行"格式"→"文字样式"命令，或者在"注释"面板中单击"文字样式"按钮 ，打开"文字样式"对话框，如图 2-70 所示。

Step02 单击"新建"按钮，并命名新文字样式名为"文字标注"，单击"确定"按钮完成新样式的建立，如图 2-71 所示。

图 2-70　打开"文字样式"对话框

Step03 为新文字样式选择字体为"仿宋_GB2312"，其余选项保持默认，然后单击"应用"按钮完成新文字样式的建立，如图 2-72 所示。

图 2-71　新建文字样式

图 2-72　为新字体颜色选择字体

Step04 同理，如果要使用黑体和 Arial 体来书写工程与尺寸标注，再新建两个文字样式即可。

2.2.8　AutoCAD 的尺寸设置规范

在对室内施工图进行标注时，依据用途和打印比例的不同，需要采用不同的标注样式。特别是作为一种建筑工程图，室内施工图的尺寸标注必须符合相关的国家标准和制作规范，尺寸起止符一般使用中粗斜短线绘制，其倾斜方向应与尺寸界线成顺时针 45°角；标注半径、直径、角度和弧长尺寸时宜用箭头。除此之外，同一套施工图纸应该使用统一比例的尺寸标注，因此在标注图形之前，应按照图形的输出比例设置好标注样式。

一个完整的尺寸标注由尺寸线、尺寸界线、尺寸文本和尺寸箭头 4 部分组成，如图 2-73 所示。设置尺寸标注样式，就是修改这 4 部分的格式及其绘图比例。

图 2-73　尺寸标注的组成

AutoCAD 2022 默认使用 ISO-25 样式作为标注样式，在用户未创建新的尺寸标注样式之前，图形中所有尺寸标注均使用该样式。

动手操作：设置尺寸标注样式

Step01 在命令窗口中输入 DIMSTYLE 并按 Enter 键，或执行菜单栏中的"格式"→"标注样式"命令，打开"标注样式管理器"对话框，如图 2-74 所示，该对话框专用于创建和管理标注样式。

Step02 单击"新建"按钮，在打开的"创建新标注样式"对话框中输入新样式的名称"室内设计制图 1:100"，如图 2-75 所示。

图 2-74 "标注样式管理器"对话框

图 2-75 创建新标注样式

Step03 单击"继续"按钮，弹出"新建标注样式：室内设计制图 1:100"对话框，选择"符号和箭头"选项卡，设置箭头的第一个、第二个样式为"建筑标记"，"引线"标记为"小点"，"箭头大小"重设为 2，如图 2-76 所示。

Step04 在"文字"选项卡，对尺寸文字的样式进行设置。选择前面建立的"文字标注"文字样式，如图 2-77 所示。

图 2-76 设置尺寸箭头样式

图 2-77 设置尺寸文字样式

Step05 暂时关闭"新建标注样式"对话框，返回图形区中选择一条图线进行标注，查看尺寸标注与图形之间的比例，如图 2-78 所示，利用"注释"面板中的"线性"尺寸标注的结果与图形之间显得极不协调。

Step06 这就需要重新编辑该尺寸样式，执行"格式"→"标注样式"命令，打开"标注样式管理器"对话框。

Step07 在样式列表中选中先前建立的"室内设计制图1:100"样式，再单击"修改"按钮，如图2-79所示。

图 2-78　尺寸标注测试　　　　　　　　　　图 2-79　修改标注样式

Step08 选择"调整"选项卡，在"使用全局比例"文本框内输入新的比例值为3，其余参数及选项不变，如图2-80所示。

技术要点：

　　这个值也仅是预估的，如果再次标注仍不协调，需要反复设置全局比例值。

Step09 单击"确定"按钮返回图形区中，此时先前标注的尺寸比例发生了变化，如图2-81所示。

图 2-80　设置全局比例　　　　　　　　　　图 2-81　编辑尺寸标注样式后的情形

Step10 由于装修图纸的类型不同，还需要建立不同比例的尺寸标注样式。使用同样的方法，分别创建1:50、1:30、1:10和1:5等不同比例的尺寸标注样式，这些标注样式可用来对不同输出比例的图形进行尺寸标注。它们除了"全局比例"参数有所不同，其他参数均与标注样式1:100相同，因此它们都可以在标注样式1:100的基础上创建，如图2-82所示。

技术要点：

　　根据不同的输出比例在"调整"选项卡中设置"使用全局比例"参数即可，例如输出比例为1:50的标注则设置"使用全局比例"为0.5；1:30为0.3；1:10为0.1；1:5为0.05。

Step11 最终，将创建完成的国标(GB)室内设计制图文件选中，单击"快速访问工具栏"上的"另存为"按钮📳保存样板文件，如图2-83所示。

图2-82　创建新标注样式

图2-83　保存为样板文件

2.3 绘制图纸时的其他注意事项

　　在绘制图纸时，还有一些问题会困扰设计新手，下面来讨论绘图时遇到的其他问题。

2.3.1　解决线宽显示问题

　　前面在进行特性（颜色、线宽及线型）设置时，就会遇到这样的问题：如果按照GB规范来设置线宽，显示线宽后，会发现显示的线宽极不协调，很粗，如图2-84所示。

图2-84　线宽显示不协调

为什么会这样呢？这与 AutoCAD 显示的比例有关。在默认情况下，线宽显示的协调性与计算机分辨率相关，分辨率高的计算机，默认显示线宽是正常的，相反感觉就不协调了，我们需要进行以下操作解决。

动手操作： 调整显示比例

Step01 在菜单栏执行"格式"→"线宽"命令，打开"线宽设置"对话框。

Step02 在该对话框的"调整显示比例"选项区下拖曳"最小"至"最大"之间的滑块，可以改变线宽显示比例。图 2-84 中的线宽问题应该将比例减小，如图 2-85 所示。

图 2-85　调整线宽的显示比例

Step03 调整显示比例后，线宽显示就正常了。

2.3.2　室内设计制图要会用图块

在室内装修设计中，经常会多次重复绘制一些相同或相似的图形符号（如门、窗、标高符号等），若每个图形都要重复绘制，会很浪费时间。所以，在绘图以前应将那些常用到的图形制作成图块，以后再用到时，直接插入图块即可。

图块是由一个或多个图形实体组成的，以一个名称命名的图形单元。要定义一个图块，首先要绘制好组成图块的图形实体，然后再对其进行定义。

如图 2-86 所示的图形都是室内设计制图中常用的图形，可将这些图形分别绘制出来，并定义为一个单独的图块。

图 2-86　室内平面布置图中常见图块

如图 2-87 所示为某两居室的平面布置图，图中就插入了多个家居摆设和植物的图块。

图 2-87 某两居室的平面布置图

下面进行图块的创建练习。例如，使用 BLOCK 命令将图形定义为一个内部图块。其中，该图块名称为 DBQ、基点为 A 点、以"毫米"为单位插入到图形中。

动手操作：创建块

Step01 打开本例素材源文件"坐便器 .dwg"。

Step02 在功能区中"插入"选项卡的"块定义"面板中单击"创建块"按钮，或在命令行中输入 BLOCK 命令，弹出"块定义"对话框。

Step03 在该对话框的"名称"下拉列表中输入 DBQ，指定图块名称。

技术要点：

在同一个图形文件中，不能定义两个相同名称的图块，如果输入的图块名是列表框中已有的块名，则在单击"确定"按钮时，系统将提示已定义该图块，并询问是否重新定义。

Step04 在"对象"栏中单击"选择对象"按钮，返回绘图区中，选择如图 2-88 所示的图形，按 Enter 键返回"块定义"对话框。

Step05 在"对象"栏中选择"转换为块"单选按钮，将所选图形定义为块。

Step06 在"基点"栏中单击"拾取点"按钮![icon]，返回绘图区中，拾取 A 点，系统自动返回"块定义"对话框。

Step07 在"插入单位"下拉列表中选择图块的插入单位，在此，选择"毫米"选项，即以"毫米"为单位插入图块，如图 2-89 所示，最后单击"确定"按钮即可。

图 2-88 定义内部图块

图 2-89 "块定义"对话框

技术要点：

　　若在一个图形中定义的内部图块较多，可以在"块定义"对话框中的"说明"列表框中指定该图块的说明信息，以便于区分。

动手操作： 插入图块

　　使用 INSERT 命令可以将定义的内部或外部图块插入当前图形中。在插入块时，需要确定块的位置、比例因子和旋转角度。可以使用不同的 X、Y 和 Z 坐标值指定块参照的比例。

　　例如，使用 INSERT 命令将前面定义的 DBQ 外部图块插入如图 2-90 所示的卫生间平面图中。

Step01 打开本例素材源文件"卫生间平面图 .dwg"。

Step02 单击"插入"按钮![icon]，或者在命令行中输入 INSERT 命令，系统打开如图 2-91 所示的"插入"对话框。

图 2-90 插入外部图块

图 2-91 "插入块"对话框

Step03 在该对话框中单击"浏览"按钮，系统打开如图 2-92 所示的"选择图形文件"对话框，在该对话框中选择 DBQ.dwg 文件，单击"打开"按钮。

图 2-92 "选择图形文件"对话框

Step04 在"插入点"栏中选中"在屏幕上指定"复选框，单击"确定"按钮后在绘图区中动态指定图块的插入点。

Step05 在"比例"栏中选中"统一比例"复选框，在 X 文本框中输入 0.6，指定图块的缩放比例。

Step06 在"旋转"栏的"角度"文本框中输入 180，将图块旋转 180°，如图 2-93 所示。

Step07 单击"确定"按钮，返回绘图区中，根据系统提示指定图块插入位置。

```
命令：INSERT                                         // 输入 INSERT 命令插入图块
指定插入点或 "比例 (S)/X/Y/Z/ 旋转 (R)/ 预览比例
(PS)/PX/PY/PZ/ 预览旋转 (PR)"：点取 A 点              // 指定图块的插入位置
```

如图 2-94 所示。

图 2-93 设置插入图块参数

图 2-94 插入图块后的图形

技术要点：

　　若要对插入的图块进行编辑，可以在"写块"对话框中选中"分解"复选框，插入后的图块各部分是一个单独的实体。但应注意，若图块以在 X、Y、Z 方向不同的比例插入，则不能用 EXPLODE 命令分解。

　　若要插入一个内部图块，则在"写块"对话框的"名称"下拉列表中选择所需的内部图块即可，其余设置与插入外部图块相同。

　　用 BLOCK 和 WBLOCK 建立的图块，确定的插入点即为插入时的基点。如果直接插入外部图形文件，系统将以图形文件的原点（0,0,0）作为默认的插入基点。

2.3.3 养成使用图层的习惯

图层的重要性不再阐述。在绘图时思维要清晰，图线在什么图层、尺寸标注在什么图层、轴线在什么图层，等等，这对于我们修改图纸非常重要。

例如，如图 2-95 所示为某建筑的室内平面布置图。

图 2-95　室内平面布置图

打开图层、关闭图层可以得到不同的效果，如图 2-96 所示。

图 2-96　关闭"标注"图层后的效果

2.3.4 整理散乱的图纸

每个人操作 AutoCAD 的习惯都有所不同，当一个项目中衍生出多张图纸时，设计师要做好整理图纸工作，以便顺利交接。

当设计师把多张图纸制作在同一个 AutoCAD 文档中时，凌乱的摆放图纸会导致后续接手人员打开计算机时找不到文件或文件容量过大造成计算机死机等问题，所以整理图纸就显得非常重要。

下面用一个实例来演示如何整理图纸。

动手操作：整理散乱图纸

Step01 打开本例练习的源文件"三室两厅设计施工图 .dwg"。

Step02 打开的文件中有很多张散乱的图纸，如图 2-97 所示。

图 2-97 散乱的图纸

Step03 假设上一位设计师保存文件时仅放大显示了其中一张图纸，如图 2-98 所示。

图 2-98 放大显示其中一张图纸

Step04 当你接手并打开图纸时就是图 2-98 的状态，这就需要我们养成一个习惯：执行菜单栏中的"视图"→"缩放"→"全部"命令，全部显示窗口中的所有图纸，如图 2-99 所示。

图 2-99　全部显示窗口中的图纸

技术要点：

　　在图的数量较多且无法拆图的情况下，力求将图纸排列工整。笔者的观念是：AutoCAD 的图就如同自己的桌面，有序地排列能让图纸表达得更清楚，同时也提高了自己或他人的读图、识图速度。

Step05 室内装修图纸中，首先显示的应该就是户型平面图（原始图），或者平面布置图。当然如果存在图纸封面，第一排应该放置封面图；第二排是一层的建筑平面图或室内平面布置图等；第三排应该是二层的，以此类推。如果仅是一层的图纸，应该依次从左到右放置原始图、平面布置图、顶棚设计图、立面图、节点详图、水电气及供暖图等，本例中排列的情况如图 2-100 所示。

图 2-100　排列好的图纸

2.3.5 断电或死机造成的文件恢复

我们是平时绘图学习也好，还是在工作中设计也好，都有可能会碰到突然断电或死机造成工作中断，因此我们要做好充分的准备，以免导致工作损失，下面举例说明。

动手操作：设置文档保存时间及图形修复

Step01 安装 AutoCAD 2022 软件并在第一次启动软件后，首先设置文档保存时间，这是很重要的工作。

Step02 在菜单栏中执行"工具"→"选项"命令，打开"选项"对话框。

Step03 在"打开和保存"选项卡下，选中"自动保存"复选框，并设置"保存间隔分钟数"为1，如图 2-101 所示。这就意味着在工作过程中，软件会每隔 1 分钟自动保存当前所做的工作。

图 2-101 设置文档自动保存时间

Step04 当突然死机或断电关闭 AutoCAD 后，重启 AutoCAD，就会显示如图 2-102 所示的界面。

图 2-102 重启 AutoCAD

Step05 关闭窗口中弹出的"图形修复"对话框，然后在左侧"图形修复管理器"中打开上一次工作的文档，继续投入绘图工作即可，如图 2-103 所示。

图 2-103　打开修复管理器中修复的文件

2.3.6　清理图纸文件中的冗余

在绘制图纸的过程中，常会有插入或剪切图块、线型、图层及图片的操作，令人厌恶的是，即使删除这些对象，整个图纸文档的容量并不会因此而减小。随着工作时间的推移，文档存储容量会慢慢增大，进而影响绘图的速度。因此，要养成随时清理冗余的习惯。

动手操作：清理文档中的冗余

Step01 在 AutoCAD 窗口的左上角单击软件图标，并在弹出的菜单中执行"图形实用工具"→"清理"命令，如图 2-104 所示。

Step02 随后弹出"清理"对话框，选中"查看能清理的项目"单选按钮，选中"确认要清理的每个项目"复选框，如图 2-105 所示。

图 2-104　执行"清理"命令

图 2-105　设置清理选项

Step03 单击"全部清理"按钮，即可清理图纸文档中的冗余。

Step04 单击"关闭"按钮结束清理操作。

绘制户型图和平面配置图

　　室内户型平面图是表示建筑物在水平方向上房屋各部分的组合关系的图纸，对于单独的室内建筑设计而言，其设计的好坏取决于平面图设计。

　　平面布置图的绘制需要考虑诸多的人体尺度、空间位置、色彩等因素。在本章中，将详细讲解原始户型图、平面布置图的绘制方法及注意事项。

※ 绘制原始户型图
※ 室内摆设图块的画法
※ 各类型空间平面配置范例
※ 室内平面配置图绘制练习

3.1 绘制原始户型图

要制作室内设计图纸，必须先懂得建筑剖面图（户型平面图）的形成及绘制方法。建筑剖面图是整个建筑平面的真实写照，用于表现建筑物的平面形状、布局、墙体、柱子、楼梯，以及门窗的位置等，如图 3-1 所示。

图 3-1　建筑剖面图的形成示意图

一般情况下，房屋有几层就应画几张平面图，并在图的下方标注相应的图名，如"底层平面图""二层平面图"等。图名下方应加一条粗实线，图名右侧标注比例。

3.1.1　原始户型图的绘制规范

在绘制原始户型图时，无论是绘制底层平面图、楼层平面图、大详平面图、屋顶平面图等，都应遵循国家制定的相关规定，使绘制的图形更加符合规范。

1. 比例、图名

绘制原始户型图的常用比例有 1:50、1:100、1:200 等，而实际工程中则常用 1:100 的比例进行绘制。

平面图下方应注写图名，图名下方应绘制一条短粗实线，右侧应注写比例，比例字高宜比图名的字高些，如图 3-2 所示。

技术要点：

如果几个楼层平面布置相同时，也可以只绘制一张"标准层平面图"，其图名及比例的标注如图 3-3 所示。

三层平面 字体高度=5
1:100 ←字体高度=3

图 3-2 图名及比例的标注

三至七层平面图 1:100

图 3-3 相同楼层的图名标注

2. 图例

原始户型图由于比例小，各层平面图中的卫生间、楼梯间、门窗等投影难以详尽表示，便采用国标规定的图例来表达，而相应的详尽情况则另用较大比例的详图来表达。

原始户型图的常见图例，如图 3-4 所示。

图 3-4 原始户型图常见图例

3. 图线

线型比例大致取出图比例倒数的 50%（在 AutoCAD 的模型空间中应按 1:1 进行绘图）。

◆ 用粗实线绘制被剖切到的墙、柱断面轮廓线。

◆ 用中实线或细实线绘制没有剖切到的可见轮廓线（如窗台、梯段等）。

◆ 尺寸线、尺寸界线、索引符号、高程符号等用细实线绘制。

◆ 轴线用细单点长画线绘制。

如图 3-5 所示为原始户型图中的图线表示方法。

图 3-5　原始户型图中的图线

4. 尺寸标注

原始户型图的标注包括外部尺寸、内部尺寸和标高。

◆ 外部尺寸：在水平方向和竖直方向各标注三道。

第一道尺寸：标注房屋的总长、总宽尺寸，称为"总尺寸"。
第二道尺寸：标注房屋的开间、进深尺寸，称为"轴线尺寸"。
第三道尺寸：标注房屋外墙的墙段、门窗洞口等尺寸，称为"细部尺寸"。

◆ 内部尺寸：标出各房间长、宽方向的净空尺寸，墙厚及与轴线之间的关系、柱子截面、房内部门窗洞口、门垛等细部尺寸。

◆ 标高：平面图中应标注不同楼层地面标高房间及室外地坪等标高，且以"米"为单位，精确到小数点后两位。

5. 剖切符号

剖切位置线长度宜为 6～10mm，投射方向线应与剖切位置线垂直，画在剖切位置线的同一侧，长度应短于剖切位置线，宜为 4～6mm。为了区分同一形体上的剖面图，在剖切符号上宜用字母或数字，并注写在投射方向线一侧。

6. 详图索引符号

图样中的某一局部或构件，如需要另见详图，应以索引符号标出。索引符号是由直径为 10mm 的圆和水平直径组成，圆及水平直径均以细实线绘制。详图的位置和编号，应以详图符号表示。详图符号的圆应以直径为 14mm 的粗实线绘制。

7. 引出线

引出线应以细实线绘制，宜采用水平方向的直线、与水平方向成 30°、45°、60°、90° 的直线，或者经上述角度再折为水平线。文字说明宜注写在水平线的上方，也可以注写在水平线的端部。

8. 指北针

指北针是用来指明建筑物朝向的图形。圆的直径宜为 24mm，用细实线绘制，指针尾部的宽度宜为 3mm，指针头部应标示"北"或 N。需要用较大直径绘制指北针时，指针尾部宽度宜为直径的 1/8。

9. 高程

高程符号应以细实线绘制的等腰直角三角形表示，其高度控制在 3mm 左右。在模型空间绘图时，等腰直角三角形的高度应是 30mm 乘以出图比例的倒数。

高程符号的尖端指向被标注高程的位置。高程数字写在高程符号的延长线一端，以"米"为单位，注写到小数点后的第 3 位。零点高程应写成 ±0.000，正数高程不用加 +，但负数高程应注上"－"。

10. 定位轴线及编号

定位轴线确定房屋主要承重构件（墙、柱、梁）的位置及标注尺寸的基线称为"定位轴线"，如图 3-6 所示。

图 3-6 定位轴线

定位轴线用细单点长画线表示。定位轴线的编号注写在轴线端部的直径 8~10mm 的细线圆内。

◆ 横向轴线：从左至右，用阿拉伯数字进行标注。

◆ 纵向轴线：从下向上，用大写拉丁字母进行标注，但不用 I、O、Z 三个字母，以免与阿拉伯数字 1、0、2 混淆。一般承重墙柱及外墙编为主轴线，非承重墙、隔墙等编为附加轴线（又称"分轴线"）。

如图 3-7 所示为定位轴线的编号注写方式。

图 3-7　定位轴线的编号注写方式

技术要点：

　　在定位轴线的编号中，分数形式表示附加轴线编号，其中分子为附加编号，分母为前一轴线编号，1 或 A 轴前的附加轴线分母为 01 或 0A。

为了便于理解，下面用图形来表达定位轴线的编号形式。

定位轴线的分区编号如图 3-8 所示；圆形平面定位轴线编号如图 3-9 所示；折线形平面定位轴线编号如图 3-10 所示。

图 3-8　定位轴线的分区编号

图 3-9　圆形平面定位轴线编号

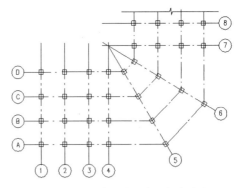

图 3-10　折线形平面定位轴线编号

3.1.2　绘制某三室两厅原始户型图

如图 3-11 所示为本节要绘制的某商品房户型图。

居室平面图　1：100

图 3-11　商品房平面图

本实例的制作思路：依次绘制墙体、门窗和建筑设备，最后进行尺寸标注和文字说明。

在绘制墙体的过程中，首先绘制主墙，然后绘制隔墙，最后进行合并调整；绘制门窗，首先在墙上开出门窗洞，然后在门窗洞上绘制门和窗户；绘制建筑设备，充分利用建筑设备图库中的图例，从而提高绘图效率。对于建筑平面图，尺寸标注和文字说明是一个非常重要的部分，建筑各个部分的具体大小和材料做法等都以尺寸标注、文字说明为依据，在本实例中都充分体现了这一点。

动手操作：绘制原始户型图

1. 设置图层

Step01 单击"图层"面板中的"图层特性管理器"按钮，弹出"图层特性管理器"对话框。

Step02 在"图层特性管理器"对话框中单击"新建图层"按钮，新建"轴线"和"窗"图层，指定图层颜色分别为 115 和洋红色；新建图层"墙体"，指定颜色为红色；新建"门"和"设备"图层，指定颜色为蓝；新建"标注"和"文字"图层，指定颜色为白；其他采用默认设置，这样就得到初步的图层设置，如图 3-12 所示。

图 3-12 图层设置

2.设置标注样式

Step01 执行菜单栏中的"标注"→"标注样式"命令，弹出"标注样式管理器"对话框，如图 3-13 所示。单击"修改"按钮，弹出"修改标注样式：ISO-25"对话框。

技术要点：

除了可以修改已有的标注样式，还可以创建新样式并进行编辑。

Step02 选择"线"选项卡，设定"尺寸线"列表框中的"基线间距"值为1，设定"延伸线"列表框中的"超出尺寸线"值为1，"起点偏移量"值为0；选择"符号和箭头"选项卡，单击"箭头"列表框中的"第一个"后的下拉按钮，在弹出的下拉列表中选择"☑建筑标记"选项，单击"第二个"后的下拉按钮，在弹出的下拉列表中选择"☑建筑标记"选项，并设定"箭头大小"值为2.5，设置结果如图 3-14 所示。

图 3-13 "标注样式管理器"对话框

图 3-14 设置"符号和箭头"选项卡

Step03 选择"文字"选项卡，在"文字外观"选项组中设置"文字高度"值为2，这样就完成了"文字"选项卡的设置，如图 3-15 所示。

Step04 选择"调整"选项卡，在"调整选项"选项组中选择"箭头"选项，在"文字位置"选项组中选择"尺寸线上方，不带引线"选项，在"标注特征比例"选项组中指定"使用全局比例"值为1。这样就完成了"调整"选项卡的设置，结果如图 3-16 所示。单击"确定"按钮返回"标注样式管理器"对话框，最后单击"关闭"按钮返回绘图区。

图 3-15 设置"文字"选项卡

图 3-16 设置"调整"选项卡

3. 绘制轴线

Step01 在"图层"下拉列表中选取"轴线"图层,使当前图层为"轴线"。

Step02 单击"绘图"面板中的"构造线"按钮 ✎,在正交模式下绘制一条竖直构造线和水平构造线,组成十字轴线网格。

Step03 单击"绘图"面板中的"偏移"按钮 ⬥,将水平构造线连续向上偏移 1600、2400、1250、4930、1630,得到水平方向的轴线。将竖直构造线连续向右偏移 3480、1800、1900、4300、2200,得到竖直方向的轴线。它们和水平辅助线一起构成正交的轴线网格,如图 3-17 所示。

图 3-17 底层建筑轴线网格

4. 绘制墙体

Step01 单击"图层"面板中的"图层控制"下拉按钮 ⬇,选取"墙体"选项,使当前图层为"墙体"。

Step02 单击"绘图"面板中的"偏移"按钮 ⬥,将轴线向两边偏移 180,然后通过"图层"面板把偏移的线条更改到"墙体"图层,得到 360mm 宽的主墙体位置,如图 3-18 所示。

Step03 采用同样的方法绘制 200 宽的主墙体。单击"绘图"面板中的"偏移"按钮 ⬥,将轴线向两侧偏移 100,然后通过"图层"面板把偏移得到的线条更改到"墙体"图层,绘制结果如图 3-19 所示。

图 3-18 绘制主墙体结果

图 3-19 绘制主墙体结果

Step04 单击"修改"面板中的"修剪"按钮 ⌐，把墙体交叉处多余的线条修剪掉，使墙体连贯，修剪结果如图 3-20 所示。

Step05 隔墙宽为100，主要通过多线来绘制。执行菜单栏中的"格式"→"多线样式"命令，弹出"多线样式"对话框，单击"新建"按钮，系统弹出"创建新的多线样式"对话框，输入多线名称为100，如图 3-21 所示。

图 3-20　主墙绘制结果　　　　　　图 3-21　　"创建新的多线样式"对话框

Step06 单击"继续"按钮，弹出"新建多线样式：100"对话框，把其中的图元偏移量设为50、-50，如图 3-22 所示，单击"确定"按钮，返回"多线样式"对话框，选取多线样式100，单击"置为当前"按钮，然后单击"确定"按钮完成隔墙墙体多线的设置。

图 3-22　　"新建多线样式"对话框

Step07 执行菜单栏中的"绘图"→"多线"命令，根据命令提示设定多线样式为100，比例为1，"对正"方式为"无"，根据轴线网格绘制如图 3-23 所示的隔墙。操作如下。

```
命令：mline ✓
当前设置：对正 = 上，比例 = 20.00，样式 = 100
指定起点或 [对正 (J) / 比例 (S) / 样式 (ST)]：  st ✓
输入多线样式名或 [?]：  100 ✓
当前设置：对正 = 上，比例 = 20.00，样式 = 100
指定起点或 [对正 (J) / 比例 (S) / 样式 (ST)]：  s ✓
输入多线比例 <20.00>：  1 ✓
当前设置：对正 = 上，比例 = 1.00，样式 = 100
指定起点或 [对正 (J) / 比例 (S) / 样式 (ST)]：  j ✓
输入对正类型 [上 (T) / 无 (Z) / 下 (B)] <上>：  z ✓
当前设置：对正 = 无，比例 = 1.00，样式 = 100
指定起点或 [对正 (J) / 比例 (S) / 样式 (ST)]：（选取起点）
指定下一点 :（选取端点）
指定下一点或 [放弃 (U)]：✓
```

5. 修改墙体

目前的墙体还不连贯，而且根据功能需要还要进行必要的改造，具体步骤如下。

Step01 单击"绘图"面板中的"偏移"按钮 ⚼，将右下角的墙体分别向内偏移 1600，结果如图 3-24 所示。

Step02 单击"修改"面板中的"修剪"按钮 ⊬，把墙体交叉处多余的线条修剪掉，使墙体连贯，修剪结果如图 3-25 所示。

図 3-23　隔墙绘制结果　　图 3-24　墙体偏移结果　　图 3-25　右下角的修改结果

Step03 单击"修改"面板中的"延伸"按钮 ⊣，把右侧的一些墙体延伸到对面的墙线上，如图 3-26 所示。

Step04 单击"修改"面板中的"分解"按钮 🔳 和"修剪"按钮 ⊬，把墙体交叉处多余的线条修剪掉，使墙体连贯，右侧墙体的修剪结果如图 3-27 所示，其中分解命令操作如下。

```
命令：explode ↙
选择对象：（选取一个项目）
选择对象：↙
```

Step05 采用同样的方法修改整个墙体，使墙体连贯，并符合实际功能需要，修改结果如图 3-28 所示。

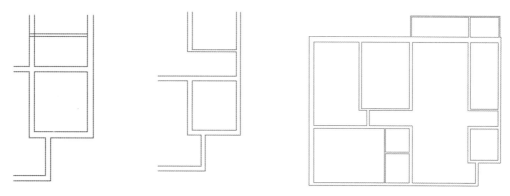

图 3-26　延伸操作结果　　图 3-27　右侧墙体的修改结果　　图 3-28　全部墙体的修改结果

6. 开窗洞

Step01 单击"绘图"面板中的"直线"按钮 ✎，根据门和窗户的具体位置，在对应的墙上绘制出这些门窗的一边。

Step02 单击"修改"面板中的"偏移"按钮 ⚼，根据各个门和窗户的具体大小，将前边绘制的门

窗边界偏移对应的距离，即可得到门窗洞在图上的具体位置，绘制结果如图3-29所示。

Step03 单击"修改"面板中的"延伸"按钮 ✓，将各个门窗洞修剪出来，即可得到全部的门窗洞，绘制结果如图3-30所示。

图3-29 绘制门窗洞线   图3-30 开门窗洞结果

7. 绘制门

Step01 单击"图层"面板中的"图层控制"下拉按钮 ▾，选取"门"选项，使当前图层为"门"。

Step02 单击"绘图"面板中的"直线"按钮 ✓，在门上绘制门板线。

Step03 单击"绘图"面板中的"圆弧"按钮 ⌒，绘制圆弧表示门的开启方向，即可得到门的图例。双扇门的绘制结果如图3-31所示；单扇门的绘制结果如图3-32所示。

Step04 继续采用同样的方法绘制所有的门，绘制的结果如图3-33所示。

图3-31 双扇门绘制结果

图3-32 单扇门绘制结果   图3-33 全部门的绘制结果

8. 绘制窗

Step01 单击"图层"面板中的"图层控制"下拉按钮 ▾，选取"窗"选项，使当前图层为"窗"。

Step02 执行菜单栏中的"格式"→"多线样式"命令，在弹出的"多线样式"对话框中单击"新建"按钮，在弹出的"创建新的多线样式"对话框中输入新建多线样式名称为150，如图3-34所示。在"新建多样线样式：150"对话框中设置图元偏移量分别设为0、50、100、150，其他采用默认设置，设置结果如图 3-35 所示。

图 3-34 "多线样式"对话框

图 3-35 "新建多线样式：150"对话框

Step03 单击"绘图"面板中的"矩形"按钮🔲，绘制一个 100×100 的矩形。然后单击"修改"面板中的"复制"按钮🔳，将该矩形复制到各个窗户的外边角上，作为凸出的窗台，结果如图 3-36 所示。

Step04 单击"修改"面板中的"修剪"按钮 ✂️，修剪掉窗台和墙的重合部分，使窗台和墙合并连通，修剪结果如图 3-37 所示。

图 3-36 复制矩形窗台结果　　　　　　图 3-37 修剪结果

Step05 执行菜单栏中的"绘图"→"多线"命令，根据命令提示，设定多线样式为150，比例为1，对正方式为"无"，根据各个角点绘制如图3-38所示的窗户。

9. 文字标注

Step01 单击"图层"面板中的"图层控制"下拉按钮 ✓，选择"文字"选项，使当前图层为"文字"。

Step02 单击"绘图"面板中的"多行文字"按钮 A，在各个房间中间进行文字标注，设定文字高度为300，文字标注结果如图3-39所示。

图 3-38　绘制窗户结果　　　　　　图 3-39　文字标注完成的结果

10. 尺寸标注

Step01 单击"图层"面板中的"图层控制"下拉按钮 ✓，选择"标注"选项，使当前图层为"标注"。

Step02 执行菜单栏中的"标注"→"对齐"命令，进行尺寸标注，建筑外围标注尺寸结果如图3-40所示。

图 3-40　外围尺寸标注结果

Step03 执行菜单栏中的"标注"→"对齐"命令，进行内部尺寸标注，结果如图 3-41 所示。

图 3-41　内部尺寸标注结果

技术要点：

　　平面图内部的尺寸若无法看清，可以参考本例完成的 AutoCAD 结果文件进行标注。

11. 轴线编号

　　要进行轴线间编号，先要绘制轴线，建筑制图上规定使用点画线来绘制轴线。

Step01 单击"图层"面板中的"图层控制"下拉按钮☑，选择"轴线"选项，使当前图层为"轴线"。

Step02 执行菜单栏中的"格式"→"线型"命令，弹出的"线型管理器"对话框中加载线型 ACAD_ISO04W100，设定"全局比例因子"值为 50.0000，设置如图 3-42 所示。

图 3-42　"线型管理器"对话框

Step03 单击"图层"面板中的"图层特性管理器"按钮 🗃，弹出"图层特性管理器"对话框。修改"轴线"图层线型为ACAD_ISO04W100，关闭"图层特性管理器"对话框，轴线显示结果如图3-43所示。

图 3-43 轴线显示结果

Step04 单击"绘图"面板中的"构造线"按钮 ↗，在尺寸标注的外边绘制构造线，截断轴线然后单击"修改"面板中的"修剪"按钮 ∕，修剪掉构造线外边的轴线，结果如图3-44所示。

图 3-44 截断轴线结果

Step05 将构造线删除，结果如图3-45所示。

图 3-45 删除构造线结果

Step06 单击"绘图"面板中的"圆"按钮◎，绘制一个半径为 400 的圆。单击"绘图"面板中的"多行文字"按钮 **A**，输入文字 A，指定文字高度为 300。单击"修改"面板中的"移动"按钮✛，把文字 A 移动到圆的中心，再将轴线编号移动到轴线端部，这样就能得到一个轴线编号。

Step07 单击"修改"面板中的"复制"按钮⁰₃，把轴线编号复制到其他各个轴线端部。

Step08 双击轴线编号内的文字，修改轴线编号内的文字，横向使用 1、2、3、4……作为编号，纵向使用 A、B、C、D……作为编号，结果如图 3-46 所示。

图 3-46 轴线编号结果

Step09 单击"绘图"面板中的"多行文字"按钮 **A**，设定文字大小为 600，在平面图的正下方标注"居室平面图 1：100"。

Step10 至此，三室两厅居室平面图绘制完成，如图 3-47 所示。最后将绘制完成的结果文件保存。

居室平面图　1：100

图 3-47　三室两厅居室平面图

3.2 室内摆设图块的画法

通过本节的练习，大家可以掌握使用 BLOCK 命令生成内部图块，以及对图块属性定义的方法。

动手操作：绘制床图块

1．绘制床的注意事项

绘制床时须注意（如图 3-48 所示，图中单位为 mm）：

◆ 单人床参考尺寸：1000mm×2000mm。

◆ 双人床参考尺寸：1500mm×2000mm。

◆ QUEEN SIZE 美式双人床参考尺寸：1930mm×2030mm。

◆ KING SIZE 美式双人床参考尺寸：1520mm×2030mm。

图 3-48　绘制床的参考尺寸

2. 绘制双人床平面图块

室内装饰设计中家具的绘制是重要的组成部分，在绘制家具时具体尺寸可以按实际要求确定，其并非是固定不变的。其中床的图形是在室内装饰图绘制过程中常用的图形，下面来绘制一个双人床的图块，如图 3-49 所示。

图 3-49　床的实际效果

Step01 调用 RECTANG 命令，绘制一个大小为 2028×1800 的矩形来表示床的大体形状，如图 3-50 所示。

Step02 调用 EXPLODE 命令，将矩形分解成多个图形。

Step03 调用 OFFSET 命令将矩形顶边向下偏移 280 用于制作床头，如图 3-51 所示。

Step04 调用 LINE 和 ARC 命令制作被子的折角效果，如图 3-52 所示。

图 3-50　矩形的绘制　　　　　图 3-51　线的偏移　　　　　图 3-52　被子的折角

Step05 调用 ARC 和 CIRCLE 命令制作被子的装饰效果，如图 3-53 所示。

Step06 调用 INSERT 命令插入枕头完善床的绘制，如图 3-54 所示。

Step07 调用 RECTANG 命令绘制 450×400 的矩形。

Step08 调用 OFFSET 命令，将矩形向内偏移 18，如图 3-55 所示。

图 3-53　增加装饰图案　　　　图 3-54　床的最终效果　　　　图 3-55　矩形的绘制

Step09 调用 CIRCLE、LINE 和 OFFSET 命令绘制床头灯，如图 3-56 和图 3-57 所示。

图 3-56　绘制圆　　　　　　　图 3-57　床头柜与床的组合效果

3. 绘制双人床立面图块

床的立面效果图主要有两种，主要取决于观察角度，下面介绍另一种观察角度下床的立面图的绘制方法。

Step01 调用 RECTANG 和 LINE 命令绘制床的主体和床腿,如图 3-58 所示。

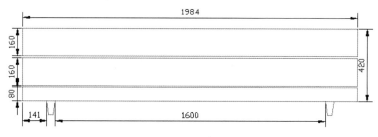

图 3-58 轮廓绘制

Step02 调用 ARC、LINE 和 OFFSET 命令绘制床头,如图 3-59 所示。

Step03 调用 ARC、LINE 和 MIRROR 命令完善床头的绘制,如图 3-60 所示。

图 3-59 增加床头   图 3-60 完善床头

Step04 调用 RECTANG 命令在床的一侧绘制床头柜,如图 3-61 所示。

Step05 调用 SPLINE、CIRCLE、PLINE 和 TRIM 命令绘制床头柜的装饰图案,如图 3-62 所示。

图 3-61 增加床头柜   图 3-62 完善床头柜

Step06 调用 MIRROR 命令做出床的最终效果,如图 3-63 所示。

图 3-63 床的最终效果

动手操作：绘制沙发图块

1. 绘制沙发注意事项

沙发是客厅里的重要家具，不仅可以会客、休息，还具有极强的装饰性，是装饰风格的具体体现，其种类繁多，如单人和多人沙发、中式和西式沙发等，如图 3-64 所示则是一组美式沙发的组合。

图 3-64　沙发的效果图

绘制沙发形状及尺寸时须注意（如图 3-65 所示）。

◆ 一般沙发深度为 ±80~100cm，而深度超过 100cm 多为进口沙发，并不适合东方人体型。

◆ 单人沙发参考尺寸宽度为 ±80~100cm。

◆ 双人沙发参考尺寸宽度为 ±150~200cm。

◆ 三人沙发参考尺寸宽度为 ±240~300cm。

◆ L 型沙发——单座延长深度为 ±160~180cm。

图 3-65　沙发的尺寸参考

2. 绘制单人沙发平面图块

平面单人沙发的绘制比较简单，主要是坐垫和扶手的绘制。

Step01 调用 RECTANG 命令绘制一个 600×540 的矩形，并将其更改为梯形。

Step02 调用 OFFSET 命令将矩形向内偏移 50 并倒角，如图 3-66 所示。

Step03 调用 PLINE、OFFSET 和 MIRROR 命令画出沙发的效果，如图 3-67 所示。

图 3-66 坐垫绘制

图 3-67 沙发最终效果

3. 绘制单人沙发立面图块

沙发立面的绘制主要用于客厅剖面图，是剖面客厅布置图的一部分，也是非常重要的组成部分，过程相对复杂，但可以很好地描绘出沙发的具体形状和风格。

Step01 调用 RECTANG 命令绘制两个矩形并将其中一个更改为梯形，如图 3-68 所示。

Step02 调用 RECTANG 命令绘制一个矩形，如图 3-69 所示。

Step03 调用 CIRCLE 命令绘制一个圆并调用 TRIM 命令删除圆内部的线段，如图 3-70 所示。

Step04 调用 ARC 命令绘制出一侧的扶手和靠背，如图 3-71 和图 3-72 所示。

图 3-68 绘制沙发腿　　图 3-69 沙发腿　　图 3-70 绘制扶手

图 3-71 沙发坐垫

图 3-72 完善一侧扶手

Step05 调用 MIRROR 命令绘制出另一侧扶手，如图 3-73 所示。

Step06 调用 SPLINE 命令绘制出坐垫的具体形状并调用 TRIM 命令剪掉多余部分，如图 3-74 所示。

Step07 调用 OFFSET 和 LINE 命令画出沙发的最终效果，如图 3-75 所示。

图 3-73　绘制另一侧扶手　　　图 3-74　修改坐垫　　　图 3-75　最终效果

动手操作：绘制茶几图块

1. 绘制茶几注意事项

茶几的尺寸有很多，例如 450mm×600mm、500mm×500mm、900mm×900mm、1200mm×1200mm 等。当客厅的沙发配置确定后，才通过茶几图块按照空间比例大小来调整尺寸并决定形状，这样不会让茶几在配置图上的比例失调。

如图 3-76 所示为茶几的几种形状画法。

圆形茶几的画法

正方形茶几的画法

长方形茶几的画法

其他形状茶几的画法

图 3-76　茶几的形状画法

茶几主要放置在客厅中两个相近的单人沙发之间及多人沙发前面，中式茶几多为木质，不透明；西式的茶几多为玻璃材质，透光性较好，如图3-77所示为常见茶几与沙发在客厅中的配置关系。

图3-77　茶几与沙发在客厅中的配置关系

2. 绘制茶几平面图块

茶几的平面绘制主要用到矩形和线及倒角命令，操作相对简单。

Step01 调用 RECTANG 命令绘制 600×600 的正方形。

Step02 调用 OFFSET 命令向内偏移 114 和 12，如图 3-78 所示。

Step03 在内部矩形四角绘制 4 个半径 30 的圆，如图 3-79 所示。

Step04 调用 TRIM 命令将圆内部的多余线段删除，如图 3-80 所示。

图 3-78　矩形　　　　　　图 3-79　绘制圆　　　　　　图 3-80　最终效果

3. 茶几立面图块的绘制

茶几立面的绘制重点在于桌腿部分，中式和西式各有不同，中式的可能有雕花和镂空，西式多为规则多面体，下面以一个简单的中式茶几为例。

Step01 调用 RECTANG 和 FILRT 命令绘制一个矩形并调整为梯形后倒角，如图 3-81 所示。

Step02 调用 LINE 和 FILLET 命令绘制出桌腿的装饰线，如图 3-82 所示。

Step03 调用 CIRCLE 命令在梯形上部绘制一个圆，如图 3-83 所示。

Step04 调用 RECTANG 和 CIRCLE 命令在圆上部绘制梯形和圆，如图 3-84 所示。

Step05 调用 FILLET 和 TRIM 命令画出桌腿的最终效果，如图 3-85 所示。

图 3-81　矩形　　图 3-82　装饰线　　图 3-83　增加圆　　图 3-84　增加矩形　　图 3-85　剪掉多余部分

Step06 调用 RECTANG 命令绘制桌面，如图 3-86 所示。

Step07 调用 MIRROR 命令绘制出另一侧桌腿，完成茶几立面的绘制，如图 3-87 所示。

图 3-86　绘制桌面　　　　　　　　　　　　　图 3-87　最终效果

动手操作：绘制地毯图块

地毯使用范围较广，卧室和客厅都可以使用，客厅使用的地毯材质较高档，有规则或不规则的图案，其多布置在沙发中间的茶几下面，如图 3-88 所示。

图 3-88　沙发的效果图

1. 简单地毯图块的绘制

简单地毯的绘制多使用矩形命令，过程较简单，主要是矩形命令的应用。

Step01 调用 LINE 命令用虚线绘制 1028×1107 的矩形。

Step02 调用 OFFSET 命令将矩形向内偏移 30，如图 3-89 所示。

Step03 调用 INSERT 命令在矩形内插入一个多边形，如图 3-90 所示。

Step04 调用 MIRROR 命令在矩形中绘制其他多边形，如图 3-91 所示。

图 3-89 绘制矩形

图 3-90 插入多边形

图 3-91 最终效果

2. 复杂地毯图块的绘制

复杂地毯的绘制主要难于其图案及边角的绘制，其他部分的绘制方法与简单地毯的绘制方法相同。下面以一个中间有花，边角有毛边的地毯为例，讲述复杂地毯的绘制方法。

Step01 调用 CIRCLE 命令绘制一个半径为 50 的圆。

Step02 调用 PLINE 命令由圆心向外画出几片花瓣形状图形，如图 3-92 所示。

Step03 调用 ARRAY 命令绘制出花朵效果，如图 3-93 所示。

图 3-92 圆和花瓣

图 3-93 花朵图案

Step04 调用 RECTANG 命令绘制 1800×1800 的矩形，如图 3-94 所示。

Step05 调用 SPLINE 和 CIRCLE 命令绘制出矩形内的装饰效果，如图 3-95 所示。

图 3-94 绘制矩形

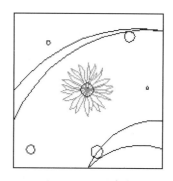

图 3-95 绘制装饰线

Step06 调用 RECTANG 和 LINE 命令在外侧绘制矩形，如图 3-96 所示。

Step07 调用 HATCH 命令对图形进行填充，效果如图 3-97 所示，填充参数如图 3-98 所示。

图 3-96　绘制外轮廓　　　　　　　　　　　　　图 3-97　填充

图 3-98　参数设置

Step08 调用 LINE 和 MIRROR 命令做出周边装饰效果，如图 3-99 所示。

图 3-99　最终效果

动手操作：绘制装饰性植物图块

添加装饰性植物可以使房间充满活力和生机，且不显单调，其绘制方法也较为简单，一般主要由植物和花瓶或花盆构成，绘制过程主要调用多段线命令，如图 3-100 所示。

图 3-100 干枝装饰物

Step01 调用 SPLINE 命令绘制花瓶的一半，如图 3-101 所示。

Step02 调用 MIRROR 命令绘制出花瓶的另一半，如图 3-102 所示。

图 3-101 绘制半个花瓶　　　图 3-102 复制成整个花瓶

Step03 调用 LINE 命令绘制花瓶的花纹，如图 3-103 所示。

Step04 调用 SPLINE 命令绘制花瓶内插着干枝的效果，如图 3-104 所示。

图 3-103 绘制花瓶花纹　　　图 3-104 绘制干枝

3.3 各类型空间平面配置范例

在进行住宅室内装修设计时，应根据不同的功能空间需求进行相应的设计，但必须符合相关的人体尺度要求，下面就针对住宅中主要的空间设计要点进行讲解。

3.3.1 玄关配置范例

玄关，原义指大门，现多指进入户内的入口空间。

玄关是进入家第一眼看到的空间，所以设计成什么样都将决定装修的成败，但无论是装饰型的还是收纳实用型的都必须用心思考。

1. 玄关设计要点

在设计玄关时，可参考以下几个要点。

◆ 间隔和私密性：之所以要在进门处设置"玄关对景"，其最大的作用就是遮挡人的视线，不至于开门见厅，让人一进门就对客厅的情形一览无余。这种遮蔽并不是完全的遮挡，而要有一定的通透性，同时要注重人们户内行为的私密性及隐蔽性，如图3-105所示为几种具有间隔和私密性特点的玄关设计。

图3-105　玄关的间隔和私密性

◆ 实用和整洁：玄关同室内其他空间一样，也有其使用功能，就是供人们进出家门时，在这里更衣、换鞋，以及整理装束等，如图3-106所示。

◆ 风格与情调：玄关的装修设计，浓缩了整个设计的风格和情调，如图3-107所示为几种风格的玄关设计。

图 3-106　玄关必须实用和整洁

地中海风格　　　　　　　　　　简约风格　　　　　　　　　　中式风格

图 3-107　玄关的风格

◆ 装修和家具：玄关地面的装修，采用的都是耐磨、易清洗的材料。墙壁的装饰材料，一般和客厅墙壁统一。顶部要做一个小型的吊顶。玄关中的家具应包括鞋柜、衣帽柜、镜子、小坐凳等，玄关中的家具要与居室的整体风格相匹配，如图 3-108 所示。

图 3-108　玄关装修风格的一致性

◆ 采光和照明：玄关处的照度要亮一些，以免给人晦暗、阴沉的感觉。狭长型的玄关有通病，那就是玄关采光不足，它会给家庭成员带来很多不便。解决方法就是使用灯饰或光管照明，令玄关更明亮；或者通过改造空间格局，让自然光线照进玄关，如图 3-109 所示。

图 3-109　玄关的采光和照明

◆ 材料选择：一般玄关中常采用的材料有木材、夹板贴面、雕塑玻璃、喷砂彩绘玻璃、镶嵌玻璃、玻璃砖、镜屏、不锈钢、花岗石、塑料饰面材、壁毯、壁纸等，如图 3-110 所示。

图 3-110　玄关的材料选择

2. 玄关的家具摆设

家具布置有以下 3 种方式。

◆ 设一半高的搁架作为鞋柜，并储藏部分物品，衣物可直接挂在外面，许多现有的住宅玄关面积较小，多采用此种做法，南方地区也多采用这种做法。

◆ 设置一个通高的柜子兼作为衣柜、鞋柜与杂物柜，这样，较易保持玄关的整洁、有序，但这要求玄关区有较大的空间。

◆ 在入口旁单独设立衣帽间。有些家庭把更衣功能从玄关中分离出来，改造入口附近的房间为单独的更衣室，这样增大了此空间的面积。这多是住宅设计中玄关区没有足够的面积而后期改造的方法。

3. 玄关设计尺寸

玄关的宽度最好在 1.5m 以上，建议取 1.6 ～ 2.4m 入口的通道，最好不要与入户后更换衣物的空间重合。若不能避免，则之间应留一个人更换衣物的最小尺度空间，一般不小于 0.7 ～ 1m。

玄关面积不宜小于 $2m^2$，如图 3-111 所示。

图 3-111 玄关的面积尺寸参考

当鞋柜、衣柜需要布置在户门一侧时，要确保门侧墙垛有一定的宽度，摆放鞋柜时，墙垛净宽度不宜小于 400mm；摆放衣柜时，则不宜小于 650mm，如图 3-112 所示。

摆放鞋柜的参考尺寸　　　　　　摆放衣柜的参考尺寸

图 3-112 门侧墙垛尺寸参考

3.3.2 客厅与餐厅配置范例

客厅是家人欢聚、共享生活情趣的空间，亦是家中会友待客的社交场所，可以看作一个家庭的"脸面"，客人可以从这里体会主人的热情和周到，了解主人的品位、性情，因此，客厅有着举足轻重的地位，客厅装修是家居装修的重中之重。

1. 客厅的配置

客厅的配置是室内设计的重点，也是使用最频繁的公共空间，而配置上无须重点考虑的是客厅的使用面积及动线。客厅配置的对象主要有单人沙发、双人沙发、三人沙发、L 形沙发、沙发组、茶几、脚凳等，这些配置让客厅的空间极富变化。

客厅的布置需注意以下几点。

(1) 行走动线宽度（沙发与茶几的间距）为 450～600mm，而沙发与沙发转角的间距为 200mm，如图 3-113 所示。

(2) 沙发的中心点尽量与电视柜的中心点对齐，如图 3-114 所示。

图 3-113　行走动线宽度　　　　　图 3-114　沙发的中心点尽量与电视柜的中心点对齐

　　(3) 配置沙发组图块时，不一定将图块摆放成水平和垂直状态，否则会让客厅显得比较呆板，此时可将单人沙发图块旋转 25°、35°、45°，以此使整体配置显得较为活泼，如图 3-115 所示。

图 3-115　沙发的配置

　　(4) 客厅的配置可与另一空间结合，可使用开放性、半开放性、穿透性的处理手法，这些方法可让客厅空间拓展性更大。客厅与其他空间组合的配置主要包括以下几种情况。

　　◆　客厅与阅读区的有效结合，让空间更有机动性，如图 3-116 所示。

图 3-116　客厅与阅读区结合

　　◆　客厅与开放书房结合，给空间以多样化，合理使用了有效空间，互动性增强，如图 3-117 所示。

图 3-117　客厅与书房融为一体

◆ 客厅与餐厅巧妙结合，除了更为合理地利用空间，同时也让用餐和休息变得更加顺畅，如图 3-118 所示。

图 3-118　客厅与餐厅巧妙结合

◆ 客厅与吧台区的结合，比较适合用于好客的居住者使用，如图 3-119 所示。

图 3-119　客厅与吧台区的结合

2. 客厅空间尺寸

在不同平面布局的套型中，起居室面积的变化幅度较大。其设置方式大致有两种情况：相对独立的起居室和与餐厅合二为一的起居室。在一般的两室户、三室户的套型中，其面积指标如下。

◆ 起居室相对独立时，起居室的使用面积一般在 15m² 以上。

◆ 当起居室与餐厅合二为一时，二者的使用面积控制在 20 ～ 25m²；或共同占套内使用面积的 25% ～ 30% 为宜。

技术要点：

起居室的面积标准在我国现行《住宅设计规范》中规定最低面积为 12m²，我国《城市示范小区设计导则》建议为 18～25m²。

起居室开间尺寸呈现一定的弹性，有在小户型中满足基本功能的面宽为 3600mm 的小开间"迷你型"起居室，也有大户型中追求气派的面宽为 6000mm 大开间的"舒适型"起居室，如图 3-120 所示。

图 3-120　客厅面宽与家具布置

◆ 常用尺寸：一般来讲，在 110～150m² 的三室两厅套型设计中，较为常见和普遍使用的起居面宽为 4200～4500mm。

◆ 经济尺寸：当面宽条件或单套总面积受到某些原因的限制时，可以适当压缩起居面宽至 3600mm。

◆ 舒适尺寸：在追求舒适的豪华套型中，其面宽可以达到 6000mm 以上。

◆ 起居室的家具一般沿两条相对的内墙布置，设计时要尽量避免开向起居室的门过多，应尽可能提供足够长度的连续墙面，供家具"依靠"（我国《住宅设计规范》规定起居室内布置家具的墙面直线长度应大于 3000mm）；如若不得不开门，则尽量相对集中布置，如图 3-121 所示。

图 3-121　内墙面长度与门的位置对家具摆放的影响

3. 餐厅的设计尺寸

餐厅的设计依据《住宅设计规范》：最小面积≥5m²，短边净尺寸≥2100m。

3～4人就餐，开间净尺寸不宜小于2700mm，使用面积不要小于10m²，如图3-122所示。

6～8人就餐，开间净尺寸不宜小于3000mm，使用面积不要小于12m²，如图3-123所示。

图3-122 3~4人就餐　　　　　　图3-123 6~8人就餐

3.3.3 主卧室与次卧室配置范例

卧室在套型中扮演着十分重要的角色。一般人的一生中近1/3的时间处于睡眠状态，拥有一个温馨、舒适的卧室是不少人追求的目标。卧室可分为主卧室和次卧室，其平面图和效果图如图3-124所示。

图3-124 主卧室和次卧室的平面图和效果图

1. 卧室设计要点

卧室应有直接采光、自然通风。因此，住宅设计应千方百计地将外墙让给卧室，保证卧室与室外自然环境有必要的联系，如采光、通风和景观等。

卧室空间尺度比例要恰当，一般开间与进深之比不要大于1:2。

2. 主卧室的家具布置

(1) 床的布置

床作为卧室中最主要的家具，双人床应居中布置，满足两人从不同方向上下床的方便及铺设、整理床褥的需要，如图3-125所示。

图 3-125　床的布置

(2) 床周边的活动尺寸

床的边缘与墙或其他障碍物之间的通行距离不宜小于500mm；考虑到方便两边上下床、整理被褥、开拉门取物等动作，该距离最好不要小于600mm；当照顾到穿衣动作的完成时，如弯腰、伸臂等，其距离应保持在900mm以上，如图3-126所示。

图 3-126　床边缘与其他障碍物之间的距离

(3) 其他使用和生活习惯上的要求

◆ 床不要正对门布置，以免影响私密性，如图3-127所示。

◆ 床不宜紧靠窗摆放，以免妨碍开关窗和窗帘的设置，如图3-128所示。

◆ 寒冷地区不要将床头正对窗放置，以免夜晚着凉，如图3-129所示。

图 3-127 影响私密性的布置

图 3-128 不宜靠窗布置床

图 3-129 床不能正对床布置

3. 主卧室的尺寸

(1) 面积

一般情况下，双人卧室的使用面积不应小于 $12m^2$。

在一般常见的"两一三"户型中，主卧室的使用面积适宜控制在 $15\sim 20m^2$。过大的卧室往往存在空间空旷、缺乏亲切感、私密性较差等问题，此外还存在能耗高的缺点。

(2) 开间

不少住户有躺在床上边休息边看电视的习惯，常见主卧室在床的对面放置电视柜，这种布置方式造成对主卧开间的最大制约。

主卧室开间净尺寸可参考以下标准确定（如图 3-130 所示）。

◆ 双人床长度 (2000 ~ 2300mm)。

◆ 电视柜或低柜宽度 (600mm)。

◆ 通行宽度 (600mm 以上)。

◆ 两边踢脚宽度和电视后插头凸出等，引起的家具摆放缝隙所占宽度 (100 ~ 150mm)。

◆ 面宽一般不宜小于 3300mm，设计为 3600 ~ 3900mm 时较为合适。

图中 15mm 为装修踢脚线高度，100mm 为电视柜距离墙面的距离

图 3-130　主卧室的平面布置尺寸

4. 次卧室的家具布置与设计尺寸

次卧室为住户非主人使用的卧室，它的最低"适用"开间中到中尺寸（中轴线到中轴线）是 3.3m（净 3.0m），进深中到中尺寸（中轴线到中轴线）是 4.5m（净 4.2m），如图 3-131 所示。

图 3-131　次卧空间

这里讲的是最低"适用"要求，因为小于这个尺寸就会给家具布置和人的活动带来不便，也就是说小于这个尺寸的房间就不应设计为卧室，而应设计为书房、儿童房、保姆房等功能房间。若户型面积比较大或很大，次卧室也可以提高到主卧的标准。

下面介绍次卧作为子女用房的家具布置情况。子女用房中应包含的家具、设备类型，有单人床、书桌、计算机、休闲椅、边桌、书柜、座椅、衣柜等。

对于青少年来说，他们的房间既是卧室，也是书房，同时还充当客厅，接待来访的同学、朋友。因此，家具布置可以分区布置：睡眠区、学习区、休息区和储物区，如图 3-132 所示。

图3-132 子女房的家具布置示意图

设计次卧室时应注意如下尺寸（如图3-133所示）。

◆ 次卧室功能具有多样性，设计时要充分考虑多种家具的组合方式和布置形式，一般认为次卧室的面宽不要小于2700mm，面积不宜小于10m^2。

◆ 当次卧室用作老人房，尤其是两位老年人共同居住时，房间面积应适当扩大，面宽不宜小于3300mm，面积不宜小于13m^2。

◆ 当考虑到轮椅的使用情况时，次卧室面宽不宜小于3600mm。

单人间　　　　　　　　双人间　　　　　考虑轮椅使用情况的次卧

图3-133 不同功能的次卧设计尺寸

3.3.4 厨房配置范例

市场调研表明，近几年居住者希望扩大厨房面积的需求依然较强烈。目前新建住宅的厨房已从过去的平均5～6m^{2}扩大到7～8m^2，但从使用角度来讲，厨房面积不应一味扩大，面积过大、厨具安排不当，会影响厨房操作的效率。

厨房的常见配置有下列5种。

1. 一字形厨房

一字形厨房的平面布局即只在厨房空间的一侧墙壁上布置家具设备，一般情况下水池置于中间，冰箱和炉灶分布两侧。这种类型厨房的工作流程完全在一条直线上进行，就难免使三点之间的工作互相干扰，尤其是多人同时进行操作时。因此，三点间的科学站位就成了厨房工作顺利进行的保证。

一字形厨房在布置时，冰箱和炉灶之间的距离应控制在 2.4～3.6m，若距离小于 2.4m，厨柜的储藏空间和操作台会很狭窄；距离过长，则会增加厨房工作时往返的路程，使人疲劳从而降低工作效率，如图 3-134 所示。

图 3-134　一字形厨房

2. 二字形厨房（双列型厨房）

二字形厨房（双列型厨房）的布局即在厨房空间相对的两面墙壁布置家具设备，可以重复利用厨房的走道空间，提高空间的利用率。二字形厨房可以排成一个非常有效的"工作三角区"，通常是将水池和冰箱组合在一起，而将炉灶设置在相对的位置。

此种布局形式下，水池和炉灶之间的往返最频繁，距离在 1.2～1.8m 较为合理，冰箱与炉灶间净宽应在 1.2～2.1m。同时人体工程专家建议，二字形厨房空间净宽应不小于 2.1m，最好在 2.2～2.4m，这样的格局适用于空间狭长的厨房，可容纳多人同时操作，但分开的两个工作区仍会给操作带来不便，如图 3-135 所示。

图 3-135　二字形厨房

3. L形厨房

L形厨房的布局是沿厨房相邻的两边布置家具设备，这种布置方式比较灵活，厨柜的储藏量比较大，既方便使用又能在一定程度上节省空间。

这种布置方式动线短，是很有效率的厨房设计方式。为了保证"工作三角区"在有效的范围内，L形的较短边长不宜小于1.7m，较长一边在2.8m左右，水池和炉灶间的距离在1.2～1.8m，冰箱与炉灶距离应在1.2～2.7m，冰箱与水池距离在1.2～2.1m，如图3-136所示。

图 3-136 L形厨房

同时也应满足人体的活动要求，水槽与转角间应留出30cm的活动空间，以满足使用者操作上的需要。但是也可能由于工作三角形的一边与厨房过道交合产生一些干扰。

4. U形厨房

U形厨房的布局即厨房的三边墙面均布置家具设备，这种布置方式操作面长，储藏空间充足，空间充分利用，设计布置也较为灵活，基本汇集二字形和L形布局的优点。

水池置于厨房的顶端，冰箱和炉灶分设在其两翼。U形厨房最大的特点在于厨房空间工作流线与其他空间的交通可以完全分开，避免了厨房内其他空间之间的相互干扰，如甲在水池旁进行清洗的时候，绝对不会阻碍乙在厨柜里取物品。U形厨房"工作三角区"的三边宜设计成一个三角形，这样的布局动线简洁、方便，而且距离最短。U形相对两边内两侧之间的距离应在1.2～1.5m，使之符合"省时、省力工作三角区"的要求，如图3-137所示。

图 3-137 U形厨房

5. 岛型厨房

岛型厨房是沿着厨房四周设置厨柜，并在厨房的中央设置一个单独的工作中心，人的厨房操作活动围绕这个"岛"进行。这种布置方式适合多人参与厨房工作，创造活跃的厨房氛围，增进家人之间的感情交流，由于各个家庭对于"岛"的设置各异，如纯粹作为一个料理台或在上面设置炉灶和水池，会使"工作三角区"变得不固定。但是仍然要遵循一些原则，使工作能够顺利进行。无论是单独的操作岛还是与餐桌相连的岛，边长不得超过 2.7m，岛与厨柜中间至少间隔 0.9m，如图 3-138 所示。

图 3-138　L 形 + 岛型台厨房

3.3.5　卫生间配置范例

设计卫生间时应注意保持良好的自然采光与通风。无自然通风的卫生间应采取有效的通风换气措施。在实际工程设计中，往往将自然通风与机械排风结合起来，以提高使用的舒适性。

卫生间的地面应设置地漏并具有可靠的排水、防水措施，地面装饰材料应具有良好的防滑性能，同时易于清洁，卫生间门口处应有防止积水外溢的措施。墙面和吊顶要防潮，维护结构采用隔声能力较强的材料，如图 3-139 所示为卫生间效果图。

图 3-139　卫生间装修效果图

1. 卫生间设计要求

设计中要考虑以下要求。

◆ 有适当的面积,满足设备设施的功能和使用要求;设备、设施的布置及尺度,要符合人体工程学的要求;创造良好的室内环境的要求。设计基本上以方便、安全、私密、易于清理为主。

◆ 厕所、盥洗室、浴室不应直接设置在餐厅、食品加工或贮存、电气设备用房等有严格卫生要求或防潮要求的用房上层。

◆ 男女厕所宜相邻或靠近布置,以便于寻找,以及上下水管道、排风管道的集中布置,同时应注意避免视线的相互干扰。

◆ 卫生间宜设置前室,无前室的卫生间外门不宜同办公、居住等房门相对。

◆ 卫生间外门应保持经常关闭状态,通常在门上设弹簧门、闭门器等。

◆ 清洁间宜靠近卫生间单独设置。清洁间内设置拖布池、拖布挂钩和清洁用具存放的搁架。

◆ 卫生间内应设洗手台或者洗手盆,配置镜子、手纸盒、烘手器、衣钩等设施。

◆ 公用卫生间各类卫生设备的数量需按总人数和男女比例进行配置,并应符合相关建筑设计规范的规定。其中,小便槽按0.65m长度来换算成一件设备;盥洗槽按0.7m长度换算成一件设备。

◆ 卫生间地面标高应略低于走道标高,门口处高差一般约为10mm,地面排水坡度不小于5‰。

◆ 有水直接冲刷的部位(如小便槽处)和浴室内墙面应具备防水性能。

厕所、浴室隔间的最小尺寸如图3-140所示。隔断高度为:厕所隔断高1.5~1.8m,淋浴、盆浴隔断高1.8m。

图3-140 厕所隔间最小尺寸

2. 卫生间设计尺寸

卫生设备间距应符合下列规定(如图3-141所示)。

◆ 洗脸盆或盥洗槽水嘴中心与侧墙面净距不宜小于550mm。

◆ 并列洗脸盆或盥洗槽水嘴中心间距不应小于700mm。

◆ 单侧并列洗脸盆或盥洗槽外沿至对面墙的净距不应小于1250mm。

◆ 双侧并列洗脸盆或盥洗槽外沿之间的净距不应小于1800mm。

卫生设备间距规定依据以下几个尺度。

◆ 供一个人通过的宽度为550mm。

◆ 供一个人洗脸左右所需尺寸为700mm。

◆ 前后所需尺寸（离盆边）为550mm。

◆ 供一个人捧一只洗脸盆将两肘收紧所需尺寸为700mm；隔间小门的宽度为600mm。

各款规定依据如下。

◆ 考虑靠侧墙的洗脸盆旁留有下水管位置，或者靠墙活动无障碍距离。

◆ 弯腰洗脸左右所需尺寸。

◆ 一人弯腰洗脸，一人捧洗脸盆通过所需。

◆ 二人弯腰洗脸，一人捧洗脸盆通过所需。

图 3-141　卫生设备间距的最小尺寸

3.4 室内平面配置图绘制练习

本节将提供两张尚未配置的原始平面户型图供大家练习，为户型图配置家具、填充地板材质、标注图纸。两个平面配置图练习均提供了操作视频为大家作参考，鉴于本章篇幅所限，详细的图文操作过程就不阐述了。

1. 绘制某三居室室内平面布置图

本案设计中更多考虑了客户的需求，以简约、高雅、实用的格调展开设计，平面配置效果如图3-142所示。

图 3-142 平面配置效果图

> # 注意:
>
> 　　创建室内装饰图形的过程中，主要绘制鞋柜、电视地台和沙发背景墙等简单图形，一些较复杂的对象，可以使用"插入"命令插入收集的素材。

2. 绘制三室二厅户型平面布置图

通过绘制如图 3-143 所示的室内平面布置图，主要学习室内用具的快速配置方法和布置技巧。

图 3-143 室内平面布置图

吊顶装修设计与制图

　　本章将重点讲解室内装饰施工设计中顶棚平面图的相关理论及制图知识。室内装饰施工图术语"建筑装饰设计范围"，在图样标题栏的图别中简称"装施"或者"饰施"。

※ 吊顶装修知识
※ 顶棚平面图绘制要点
※ 某服饰店顶棚平面图绘制练习

4.1 吊顶装修知识

顶棚设计，在建筑装饰行业中称为"吊顶"，它是室内空间的主要界面，其设计必须满足功能要求、艺术要求、经济性和整体性要求。

"吊顶"对大多数人来说再熟悉不过了，下面介绍一些吊顶装修中的基本知识。

4.1.1 吊顶的装修种类

吊顶一般有平板吊顶、局部吊顶、藻井式吊顶等类型。

1. 平板吊顶

平板吊顶一般以 PVC 板、石膏板、矿棉吸声板、玻璃纤维板、玻璃等为材料，照明灯卧于顶部平面之内或吸于顶上，平板吊顶一般安排在卫生间、厨房、阳台和玄关等部位，如图 4-1 所示。

平板吊顶的构造做法是在楼板底下直接铺设固定龙骨（龙骨间距根据装饰板规格确定），固定装饰板主要用于装饰要求较高的建筑，如图 4-2 所示。

图 4-1 平板吊顶

——楼板或屋面板
——双向木龙骨直接固定于楼板或屋面板下
——石膏板或其他板材
——饰面层

图 4-2 平板吊顶的构造图

2. 局部吊顶

局部吊顶是为了避免居室的顶部有水、暖、气管道，而且房间的高度又不允许进行全部吊顶的情况下，所采用的一种局部吊顶的方式。这种方式的最好模式是，水、电、气管道靠近边墙，装修出来的效果与异型吊顶相似，如图 4-3 所示为玄关的局部吊顶效果图。

图 4-3 局部吊顶

据本人对装修行业的了解，目前大多数客户都喜欢在客厅做局部吊顶，吊顶使客厅看起来更加美观，所以，目前客厅做局部吊顶才会那么流行。局部吊顶也分为好几种类型，如异型吊顶、格栅式吊顶、直线反光吊顶、凹凸吊顶、木质吊顶及无吊顶造型等。

◆ 异型吊顶：适用于卧室、书房等房间，在楼层比较低的房间，把顶部的管线遮挡在吊顶内，顶面可嵌入筒灯或内藏荧光灯，产生只见光影不见灯的装饰效果。异型吊顶可以采用云形波浪线或不规则弧线，一般不超过整体顶面面积的 1/3，能产生浪漫、轻盈的感觉，如图 4-4 所示。

◆ 格栅式吊顶：先用木材或其他金属材料做成框架，镶嵌上透光或磨砂玻璃，光源在玻璃上面，造型生动、活泼，装饰效果比较好，多用于阳台。它的优点是光线柔和、轻松自然，如图 4-5 所示。

图 4-4 异型吊顶

图 4-5 格栅式吊顶

◆ 直线反光吊顶：目前这种造型比较普遍，大多数人比较崇尚简约、自然的装修风格，顶面只做简单的平面造型处理。据阔达公司装饰设计师介绍，为避免单调，客户会在电视墙的顶部利用石膏板做一个局部的直角造型，将射灯暗藏进去，晚上打开射灯看电视，轻柔、温和，别有一番情调，如图 4-6 所示。

◆ 凹凸吊顶：这种造型选用石膏板，多用于客厅。如果顶面的高度允许，可以利用石膏板做一面造型，顶面凸起，留出四周内镶射灯，晚上打开灯就是一圈灯带，如图 4-7 所示。

图 4-6　直线反光吊顶

图 4-7　凹凸吊顶

◆ 木质吊顶：木质吊顶比较厚重、古朴，可以用于卧室、客厅、阳台等。目前市场有专门的木质吊顶板，厚度、长度、宽度都可选择，可以根据装修风格量身选择，如图 4-8 所示。

◆ 无吊顶造型：由于城市的住房高度普遍较低，吊顶后感到压抑和沉闷，所以不做吊顶，只把顶面的漆面处理好的"无吊顶"装修方式，也日益受到消费者的喜爱，如图 4-9 所示。

图 4-8　木质吊顶

图 4-9　无吊顶造型

3. 藻井式吊顶

采用藻井式吊顶的前提是，房间必须有一定的高度（高于 2.85m），且房间较大。它的式样是在房间的四周进行局部吊顶，可设计成一层或两层，装修后的效果有增加空间高度的感觉，还可以改变室内的灯光照明效果，如图 4-10 所示。

图 4-10　藻井式吊顶

4.1.2 吊顶顶棚的基本结构形式

常见吊顶结构安装示意图，如图 4-11 所示。

图 4-11 吊顶结构安装示意图

按顶棚面层与结构位置的关系区分，可分为直接式顶棚和悬吊式顶棚，如图 4-12 和图 4-13 所示。

图 4-12 直接式顶棚

图 4-13 悬吊式顶棚

直接式顶棚具有构造简单、构造层厚度小的优点，可以充分利用空间；其材料用量少，施工方便，造价较低。因此，直接式顶棚适用于普通建筑及功能较为简单、空间尺寸较小的场所。

1. 直接式顶棚的基本构造

直接式顶棚的基本构造包括直接抹灰构造、喷刷类构造、裱糊类顶棚构造、装饰板顶棚构造和结构式顶棚构造。

直接抹灰构造的做法是：先在顶棚的基层（楼板底）上刷一遍纯水泥浆，使抹灰层能与基层很好地黏合，然后用混合砂浆打底，再做面层。要求较高的房间，可在底板增设一层钢板网，在钢板网上再抹灰，这种做法强度高、结合牢，不易开裂脱落。抹灰面的做法和构造与抹灰类墙面装饰相同，如图 4-14 所示。

喷刷类装饰顶棚是在上部屋面或楼板的底面上直接用浆料喷刷而成的。常用的材料有石灰浆、大白浆、色粉浆、彩色水泥浆、可赛银等。其具体做法可参照涂刷类墙体饰面的构造，如图 4-15 所示。

楼板或屋面板
1:1:6混合砂浆找平层
抹灰中间层
抹灰饰面层

图 4-14　直接抹灰顶棚构造

楼板或屋面板
混合砂浆找平层
抹灰中间层
油漆或其他涂料饰面层

图 4-15　喷刷类顶棚构造

　　裱糊类顶棚针对要求较高、面积较小的房间顶棚面，采用直接贴壁纸、贴壁布及其他织物的饰面方法。这类顶棚主要用于装饰要求较高的建筑，如宾馆的客房、住宅的卧室等空间。裱糊类顶棚的具体做法与墙饰面的构造相同，如图 4-16 所示。

楼板或屋面板
1:1:6混合砂浆找平层
抹灰中间层
墙纸或其他卷材饰面层

图 4-16　裱糊类顶棚构造

　　直接装饰板顶棚构造是直接将装饰板粘贴在经抹灰找平处理的顶板上，其结构如图4-17所示。

　　结构式顶棚构造。将屋盖或楼盖结构暴露在外，利用结构本身的韵律作装饰，不再另做顶棚，所以称为"结构式顶棚"。结构式顶棚充分利用屋顶结构构件，并巧妙地组合照明、通风、防火、吸声等设备，形成和谐、统一的空间景观。一般应用于体育馆、展览厅、图书馆、音乐厅等大型公共建筑中，如图 4-18 所示。

图 4-17　直接装饰板顶棚构造

图 4-18　结构式顶棚构造

2. 悬吊式顶棚的基本构造

悬吊式顶棚的装饰表面与结构底表面之间留有一定的距离，通过悬挂物与结构联结在一起，如图 4-19 所示为常见悬吊式顶棚的结构安装示意图。

图 4-19　悬吊式顶棚的结构安装示意图

悬吊式顶棚可结合灯具、通风口、音响、喷淋、消防设施等整体设计。

◆ 特点：立体造型丰富，可改善室内环境，满足不同使用功能的要求。

◆ 外观类型：平滑式、井格式、叠落式、悬浮式顶棚。

◆ 龙骨材料：木龙骨、轻钢、铝合金龙骨悬吊式顶棚。

悬吊式顶棚的构造分为抹灰类顶棚、板材料顶棚和透光材料顶棚。

(1) 抹灰类顶棚

抹灰类顶棚的抹灰层必须附着在木板条、钢丝网等材料上，因此首先应将这些材料固定在龙骨架上，然后再做抹灰层。抹灰类顶棚包括板条抹灰顶棚和钢板网抹灰顶棚。板条抹灰顶棚装饰构造，如图 4-20 所示。

钢板网抹灰顶棚采用金属制品作为顶棚的骨架和基层。主龙骨用槽钢，其型号由结构计算而定；次龙骨用等边角钢中距为 400mm；面层选用 1.2mm 厚的钢板网；网后衬垫一层 ϕ6mm 中距为 200mm 的钢筋网架；在钢板网上进行抹灰，如图 4-21 所示。

图 4-20　板条抹灰顶棚装饰构造

图 4-21　钢板网抹灰顶棚装饰构造

(2) 板材类顶棚

常见板材类顶棚包括石膏板顶棚（如图 4-22 所示）、矿棉纤维板和玻璃纤维板顶棚（如图 4-23 所示）、金属板顶棚（如图 4-24 所示）等。

图 4-22　石膏板顶棚

图 4-23　矿棉纤维板顶棚

图 4-24　铝合金板顶棚

4.2 顶棚平面图绘制要点

　　用假想的水平剖切面从房屋门、窗台位置把房屋剖开，并向顶棚方向进行投影，所得的视图就是顶棚平面图，如图 4-25 所示。

水平剖切平面

向顶棚投影

图 4-25　顶棚平面图形成示意图

　　根据顶棚图可以进行顶棚材料的准备和施工、购置顶棚灯具和其他设备，以及灯具、设备的安装等工作。

　　表示顶棚时，既可使用水平剖面图，也可使用仰视图。两者唯一的区别是，前者画墙身剖面（含其上的门、窗、壁柱等），后者不画，只画顶棚的内轮廓，如图 4-26 所示。

水平剖面图   仰视图

图 4-26 顶棚平面图的表示

1. 顶棚平面图的主要内容

顶棚平面图主要表现室内各房间顶棚的造型、构造形式、材料要求，顶棚上设置灯具的位置、数量、规格，以及在顶棚上设置的其他设备的情况等内容。

2. 顶棚平面图的画法与步骤

(1) 取适当比例（常用 1:100、1:50），绘制轴线网格。

(2) 绘制墙体（柱）、楼梯等构（配）件、门窗位置（可以不绘制门窗图例）。

(3) 绘制各房间顶棚造型。

(4) 布置灯具及顶棚上的其他设备。

(5) 标注顶棚造型尺寸，各房间顶棚底面标高，书写顶棚材料、灯具要求，以及其他有关的文字说明。

(6) 标注房间开间、进深尺寸、轴线编号，书写图名和比例。

如图 4-27 所示为某户型的顶棚平面图。

图 4-27 某户型的顶棚平面图

2. 顶棚平面图的标注

顶棚平面图的标注应包含以下内容。

◆ 天花底面和分层吊顶的标高。

◆ 分层吊顶的尺寸、材料。

◆ 灯具、风口等设备的名称、规格和能够确定其位置的尺寸。

◆ 详图索引符号。

◆ 图名和比例等。

为了方便施工人员查看标注图例，一般把顶棚平面图中使用过的图例列表加以说明，如图4-28所示为图例表的说明形式。

序号	图形	名称	06		射灯
01		造型吊灯	07	- - - -	暗藏灯带
02		单管荧光灯	08		窗帘盒
03		35*35荧光灯	09		浴霸
04		排风扇	10		吸顶灯
05	※	筒灯	11		镜前灯

图4-28 顶棚平面图中使用的图例

4.3 某服饰店顶棚平面图绘制练习

本例的某服饰旗舰店顶棚平面图主要体现了顶面灯位及顶面装饰材料的设计。设计完成的某服饰旗舰店顶棚平面图，如图4-29所示。

图4-29 某服饰旗舰店顶棚平面图

动手操作：绘制顶面造型

顶面的造型主要是吊顶和灯具槽的绘制，下面详细地介绍绘制过程与方法。

Step01 从本例源文件夹中打开"服饰店原始户型图 .dwg"文件。

Step02 使用"直线"命令和"偏移"命令，绘制如图 4-30 所示的天窗轮廓线。

Step03 使用"夹点拉长"模式，将上一步绘制的直线拉长，得到如图 4-31 所示的图形。

图 4-30　绘制天窗轮廓线　　　　　　图 4-31　拉长整理轮廓线

Step04 使用 L 命令，在原始图中绘制长度为 1668 的直线，暂且不管位置关系，如图 4-32 所示。

Step05 使用 AutoCAD 的参数化"线型"功能，对直线进行尺寸约束，结果如图 4-33 所示。

图 4-32　绘制直线　　　　　　　图 4-33　约束直线

Step06 使用"多段线"命令，在直线的端点依次绘制多段线，结果如图 4-34 所示。

Step07 使用"偏移"命令，绘制如图 4-35 所示的两条偏移直线。

Step08 使用"直线"命令绘制如图 4-36 所示的内墙边线。

Step09 将两偏移直线拉长至与左边内墙线相交的位置，如图 4-37 所示。

图 4-34 绘制多段线

图 4-35 绘制偏移直线

图 4-36 绘制内侧墙线

图 4-37 拉长偏移直线

Step10 使用"复制"命令，在右上角复制矩形柱子，如图 4-38 所示。

Step11 使用"直线"命令，在粘贴的矩形左下角绘制一条直线，然后使用"修剪"命令修剪相交的线段，结果如图 4-39 所示。

图 4-38 复制矩形

图 4-39 绘制并修剪线段

Step12 使用"矩形"命令，在图形中绘制矩形，位置与尺寸任意，如图 4-40 所示。

图 4-40　绘制任意尺寸及位置的多个矩形

Step13 在"参数化"选项卡的"标注"面板中单击"线性" 🔲 按钮，先对矩形进行尺寸约束，结果如图 4-41 所示。

技术要点：

在指定约束点时，必须指定矩形各边的中点，才可以使矩形按要求进行尺寸约束。若是约束直线，只需选择直线的两个端点即可。

Step14 同理，使用参数化的"线性"命令，对各矩形进行位置（定位）约束，结果如图 4-42 所示。

图 4-41　尺寸约束各矩形

图 4-42　定位约束各矩形

技术要点：

在进行定位约束时，先指定固定边作为约束第1点，然后指定矩形中的点作为约束的第2点。在此例中，部分定位可使用"平行""垂直""共线"等几何约束。

此外，在定位约束时，不要删除尺寸约束，否则矩形会发生变化。如果在约束过程中矩形发生改变，在尺寸没有删除的情况下，可以使用几何约束来整理矩形。

Step15 使用"矩形"和"圆"命令，在户型图中绘制多个宽度一致的矩形和半径为600的圆，如图4-43所示。

Step16 对绘制的矩形和圆进行定位约束，结果如图4-44所示。

图4-43 绘制矩形　　　　　　　　　　图4-44 定位矩形和圆

Step17 使用"矩形"和"偏移"命令，在图形中央绘制一个2200×2200的矩形，然后以此作为偏移参照，向外绘制偏移距为100的矩形，结果如图4-45所示。

图4-45 绘制矩形

Step18 使用"直线"命令，在矩形中绘制两条中心线，如图 4-46 所示。

Step19 使用"偏移"命令和"修剪"命令，以中心线作为参照，绘制偏移距离为 50 的直线，然后进行修剪，结果如图 4-47 所示。至此，顶面的造型设计完成。

图 4-46　绘制中心线

图 4-47　绘制偏移直线并修剪

动手操作：添加顶面灯具

在本例中，灯具的插入是通过已创建的灯具图例完成的。

Step01 从本例素材中打开"灯具图例 .dwg"素材文件，通过按快捷键 Ctrl+C 和 Ctrl+V 将灯具图例复制并粘贴到图形区中，结果如图 4-48 所示。

图 4-48　复制、粘贴灯具图例

Step02 使用"复制"命令将灯具图例中的"轨道射灯 b"图块复制、粘贴到宽度仅有 120 的轨道凹槽中，且间距为 720，结果如图 4-49 所示。

Step03 同理，按此方法将"轨道射灯 a"图块复制到其余轨道凹槽矩形中（间距自行安排，大致相等即可），结果如图 4-50 所示。

图 4-49　复制"轨道射灯 b"图块　　　　　图 4-50　复制"轨道射灯 a"图块

Step04 使用"复制"命令将"筒灯"图块复制到顶面中心的天窗位置，如图 4-51 所示。

技术要点：

　　粘贴时，在矩形上先确定中心点，然后利用"极轴追踪"功能将筒灯粘贴至矩形垂直中心线的极轴交点上。

Step05 将"艺术吊灯"图块复制到圆心凹槽中，如图 4-52 所示。

Step06 使用"样条曲线拟合"命令，绘制灯具之间的串联电路，如图 4-53 所示。

图 4-51　复制"筒灯"图块　图 4-52　复制"艺术吊灯"图块　　　　图 4-53　绘制串联电路

动手操作：填充顶面图案

Step01 使用"填充"命令，打开"图案填充创建"选项卡。在该选项卡中选择 CROSS 图案，填充比例为 30，然后对顶棚平面图形进行填充，结果如图 4-54 所示。

图 4-54　填充 CROSS 图案

Step02 同理，再选择 JIS_SIN_1E 图案，对其余区域进行填充，结果如图 4-55 所示。

图 4-55　填充其余区域

动手操作： 标注顶棚平面图形

在完成了前面的几个环节后，最后对图形进行文字标注，主要是标明所使用的灯具和天花吊顶的材料名称。

Step01 使用"直线"命令，绘制标高的标注图形，如图 4-56 所示。

Step02 使用"单行文字"命令，在图形上方输入 3.3m 字样，如图 4-57 所示。

图 4-56　绘制标高图形　　　图 4-57　输入标高值

Step03 复制前两步创建的标高图形及高度值，粘贴到顶棚平面图中。

技术要点：

粘贴标高图块时，可以先将填充的图案删除，待完成标高标注的编辑后，再填充。

Step04 双击标高标注的值，更改部分值，如图 4-58 所示。

此吊顶区域的标高值为2.6m

所有轨道凹槽的标高值为3.3m

此吊顶区域的标高值为3.2m

图 4-58　编辑标高标注

Step05 在菜单栏执行"格式"→"多重引线样式"命令，在弹出的"多重引线样式管理器"对话框中选择 Standard 样式，并单击"修改"按钮，如图 4-59 所示。

Step06 在弹出的"修改多重引线样式：Standard"对话框的"引线格式"选项卡中设置如图 4-60 所示的选项，完成设置后单击"确定"按钮关闭该对话框。

图 4-59　选择 Standard 样式进行修改

图 4-60　设置多线样式

Step07 在"常规"选项卡的"注释"面板中单击"引线"按钮，然后在顶棚图中创建多条引线。引线的箭头放置在图形中的各区域，以及轨道槽、灯具位置，如图4-61所示。

Step08 使用"多行文字"命令，在引线木端输入相应的文字，且文字高度为216，如图4-62所示。

图4-61　创建多重引线

图4-62　创建多行文字

Step09 同理，在其他多重引线上创建多行文字，结果如图4-63所示。

Step10 在图形下方创建"顶棚平面图 1:100"的多行文字，如图4-64所示。至此完成了某服饰店整个顶棚平面图的绘制。

Step11 最后将绘制完成的结果保存。

图 4-63 创建其他多行文字

顶棚平面图 1:100

图 4-64 创建图名及绘图比例

绘制其他装修图纸

在室内装修设计的全套图纸中，除前面介绍的施工图外，还有立面图、节点详图、拆除示意图、新建墙尺寸平面图、弱电配置图（电气图）、给排水配置图、空调配置图等。

※ 室内施工流程所需其他图纸

※ 电气图、给排水配置图与立面图绘制练习

※ 某宾馆总台详图绘制练习

5.1 室内施工流程所需的其他图纸

室内装修施工图纸很多，除前面介绍过的施工图必须具备外，本章介绍的其他装修图纸并非每次装修都要逐一准备。例如，新房装修就不一定需要拆除示意图、新建尺寸平面图等。

5.1.1 现场施工流程图

常见的室内装修施工的流程如下。

(1) 设计方案及施工图纸 (设计师)。

(2) 现场设计交底 (客户、设计师、监理、施工人员)。

(3) 开工材料准备 (先期水电等材料进场)。

(4) 土建改造 (拆墙、砌墙)。

(5) 水电铺设 (电线、水管铺设，开关插座底盒安装)。

(6) 泥工进场 (墙、地砖、大理石等的铺设)。

(7) 木工工程 (各种柜体、吊顶、门窗套制作安装)。

(8) 油漆工程 (墙面、柜体等的油漆粉饰)。

(9) 水电扫尾 (龙头、洁具、灯具、开关面板的安装)。

(10) 工程验收，交付客户。

下面用装修现场的图片帮助大家了解整个施工流程，如图 5-1 ～图 5-13 所示。

施工图纸准备：

◆ 原始平面图

◆ 平面布置图

◆ 天花布置图

◆ 电气图

◆ 给排水配置图

◆ 各部位立面图

◆ 各部位剖面及详图

◆ 效果图

图 5-1　施工准备

图 5-2　开工准备

施工材料准备：

水泥、砂、红砖、木方、铁钉、钢钉、纹钉、电线、水管、穿线管、瓷砖。

图 5-3　施工材料准备

拆墙注意事项：

1．承重墙、梁、柱、楼板等作为房屋主要骨架的受力构件不得随意拆除。

2．不能拆门窗两侧的墙体。

3．阳台下面墙体不要拆除。

4．砖混结构墙面开洞直径不宜大于 1m。

5．应注意冷、热水管的走向，拆除水管接头处应用堵头密封。

图 5-4　拆除部分墙体并砌墙

弱电施工：
1．定位。
2．开槽。
3．布线。
4．弯管。

图 5-5　弱电施工

水路改造施工：

1. 保证主水路不动。

2. 使用品牌的 PPR 水管或日丰管铝塑复合管。

3. 水路改造注意留接头。

4. 预先设计所有需要用水的线路。

5. 水管尽量不要从地上走，冷水管在墙里要有 1cm 的保护层。

6. 闭水实验无渗漏后，开始做防水工程。

7. 铝塑管安装封水泥时，一定要在场监督工人按照施工标准给热水管预留膨胀空间。

8. 水管改造的打压试验非常重要。

图 5-6　水路改造施工

图 5-7　电路改造施工

泥工施工：

1. 改动门窗位置。

2. 厨房、卫生间防水处理。

3. 包下水管道。

4. 地面找平。

5. 墙、地砖铺贴。

图 5-8　泥工施工

木工施工：
1. 吊顶。
2. 轻质隔墙。
3. 门、窗套。
4. 门页、窗页。
5. 家具。
6. 木地板。

图 5-9 木工施工

面子工程：
1. 吊顶补缝处理。
2. 刮腻子。
3. 刷乳胶漆。

图 5-10 腻子施工

家居油漆工：
1. 乳胶漆。
2. 家具漆。
　(1) 有色家具漆。
　(2) 无色家具漆。

图 5-11 漆工施工

图 5-12 灯具、洁具安装

图 5-13 最后清理现场，完工

5.1.2 其他施工图纸一览

看完前面的现场施工流程图，还需要哪些施工图纸，应该心里有底了，下面就做简要介绍。

1. 室内电气设计图（弱电配置图）

室内电气设计是弱电设计。弱电配置图中必不可少的元素包括电气图例、开关图例、灯具图例、插座图例等。这些图例在图纸中用表的形式列出，称为"图例表"。

图例表用来说明各种图例图形的名称、规格，以及安装形式等。图例表由图例图形、图例名称和安装说明等几个部分组成，如图 5-14 所示。

图例	名称	图例	名称	图例	名称
	排气扇		电话出座线		工艺吊灯
	单联单控开关		筒灯		
	双联单控开关		吸顶灯		
	单联双控开关		防水筒灯		浴霸
			吊灯		
	双联双控开关		壁灯		吸顶灯
	二、三孔插座		工艺吊灯		导轨灯
	空调插座		浴霸		斗胆灯
	计算机网络插座				斗胆灯
	电话插座		筒灯		吸顶灯
	电视插座		壁灯		
	电视终端插座		吸顶灯		
	数据出座线		筒灯		
	配电箱				

图 5-14 图例表

如图 5-15 所示为某三居室的开关布置图。

图 5-15 某三居室的开关配置图

如图 5-16 所示为某三居室的插座配置图。

图 5-16 某三居室的插座配置图

如图 5-17 所示为某三居室的灯具配置图。

图 5-17 某三居室的灯具配置图

2. 给排水配置图

给排水配置图反映了住宅水管的分布走向，指导水电施工，给排水配置图需要绘制的内容主要为冷、热水管和出水口。冷热水管及其出水口图例如图 5-18 所示。下面介绍冷热水管走向图的绘制方法。

打开三居室平面布置图，删除平面布置图中的家具图形，然后绘制给排水配置图图例及路线图，完成的给排水配置图如图 5-19 所示。

图 5-18 给排水配置图图例表   图 5-19 某三居室的给排水配置图

3. 立面图

在一个完整的室内施工设计中，立面图是唯一能直观表达室内装饰结果的图纸。

室内立面图一般包含如下内容。

◆ 需表达墙体、门洞、窗洞、抬高地坪、吊顶空间等的断面。

◆ 需表达未被剖切的可见装修内容，如家具、灯具及挂件、壁画等装饰。

◆ 需表达施工尺寸与室内标高。

◆ 立面图图纸中还应标注索引号、图号、轴线号及轴线尺寸。

◆ 还要标注装修材料的编号及说明。

如图 5-20 所示为某户型客厅的立面效果图。

图 5-20 某户型客厅立面效果图

4. 室内节点详图

详图是室内设计中重点部分的放大图和结构做法图。一个工程需要画多少详图、画哪些部位的详图要根据设计情况、工程大小以及复杂程度而定。

室内详图是室内设计中需要重点表达部分的放大图或结构做法图。

一般情况下，室内详图的绘制内容应包括局部放大图、剖面图和断面图。

如图 5-21 和图 5-22 所示为某吧台的三维效果图及立面图。

图 5-21 某吧台的三维效果图

ELEVATION
立面图

图 5-22　某吧台立面图

如图 5-23 所示为吧台的 A、B 剖面图。

图 5-23　剖面图及局部放大图

如图 5-24 所示为吧台的 A、B 剖面图中扩展的 C、D 大样图（局部放大图或节点详图）。

图 5-24　某吧台 C、D 大样图

5. 墙体拆除示意图（手工图）

当室内设计考虑了风俗、人员配备及生活需求，原有结构已不符合新设计的要求，就需要修改隔间，所绘制的图要明确标识拆除的位置，这样才能减少拆除时所产生的误差和问题。

一般情况下，现场拆除都要依据拆除示意图，使用喷漆标识在需要拆除的墙面上。

如图 5-25 所示为对原有房型进行整改的手绘拆除示意图。

户型缺点：

1. 过分公开，没有私密性。

2. 没有就餐空间。

3. 户型空间小，但浪费空间的地方却很多。

调整方法：

1. 入口处设置玄关鞋柜。

2. 玄关背面设置独立的就餐区。

3. 卫生间改门，新设完整电视背景墙。

图 5-25　手绘的拆除示意图

6. 地面材质配置图

地面材质图，顾名思义是关于地面材质的任何内容的，它标明需要铺设的地面材料种类、地面拼花、材料尺寸及不同材料分界线。

地面材质一般会采用石材、抛光石英石、瓷砖、木地饭（实木及复合木地板）、塑料地砖及特殊材质地面等。在绘制地面材质配置图时，需注意施工地面材质的先后顺序，相对的表面材质配置图的画法也略有不同。

举例说明，如图 5-26 所示，木制柜先施工，之后木地板再施工，当遇到衣柜时，木地板线条不需要延伸至衣柜范围内；但遇到活动家具且是摆设在木地板上的，木地板的线条需延伸至家具范围。另外，大理石先施工，之后再施工木质柜，而遇到衣柜及活动家具时，地面线条都须延伸至此范围内，如图 5-27 所示。

图 5-26　木制柜部分先施工，之后再施工木地板　　图 5-27　大理石转先施工，之后再施工木质柜

5.2 电气图、给排水配置图与立面图绘制练习

本节要进行的绘图练习包括电气图、给排水配置图、立面图等。

动手操作：绘制插座平面图

在电气图中，插座主要反映了插座的安装位置、数量和连线等情况。插座平面图在平面布置图基础上绘制，主要由插座、连线和配电箱等部分组成，下面讲解插座系统电路图的绘制方法。

Step01 启动 AutoCAD，打开"三居室平面布置图 .dwg"文件，如图 5-28 所示。

图 5-28 某三居室平面布置图

Step02 复制本例所用图例表（如图 5-29 所示）中的插座及配电箱到"三居室平面布置图"中的相应位置，如图 5-30 所示。

图例	说明
	暗装五孔电源插座
	防水五孔电源插座
	地插
	用户配电箱

图 5-29 图例表

图 5-30 复制插座和配电室

技术要点：

　　家具图形在电气图中主要起参考作用，例如在摆放有床头灯的位置，就应该考虑在此处设置一个插座，此外还可以针对家具的布置，合理安排插座、开关的位置。

Step03 绘制连线。连线是用来表示插座、配电箱之间的电线，反映了插座、配电箱之间的连接线路，连线可使用 LINE 和 PLINE 等命令绘制。

Step04 下面以三居室厨房部分为例，介绍连线的绘制方法。设置"LX_连线"图层为当前图层。

Step05 调用 LINE 命令，从配电箱引出一条连线到厨房第一个插座位置，结果如图 5-31 所示。

Step06 继续调用 LINE 命令，连接插座，结果如图 5-32 所示。

图 5-31　引出连线　　　　　　　　　　图 5-32　连接插座

Step07 调用 MTEXT 命令，在连线上输入回路编号，如图 5-33 所示。

Step08 此时回路编号与连线重叠，调用 TRIM 命令，对编号进行修剪，效果如图 5-34 所示。

图 5-33　出入回路编号　　　　　　　　图 5-34　修剪连线

Step09 采用同样的方法，完成其他插座连线的绘制，效果如图 5-35 所示，完成插座平面图的绘制。

图 5-35　连接插座电路

动手操作：绘制弱电平面图

弱电设备主要包括电话、有线电视、宽带网等，下面讲解弱电系统电路图的绘制方法。

Step01 启动 AutoCAD，打开"三居室平面布置图 .dwg"文件。

Step02 复制本例所用图例表（如图 5-36 所示）中的弱电插座及配电箱到"三居室平面布置图"中的相应位置，如图 5-37 所示。

图 5-36　弱点图例

图 5-37　复制插座和配电室

Step03 绘制连线。连线可通过多线段将各种弱电设备分别连接到门口的弱电箱，其中相同类设备可连接一条线，绘制结果如图 5-38 所示。

图 5-38　连接插座电路

动手操作： 绘制照明平面图

照明平面图反映了灯具、开关的安装位置、数量和连线的走向，是电气施工不可缺少的图样，同时也是未来电气线路检修和改造的主要依据。

照明平面图在顶棚图的基础上绘制，主要由灯具、开关，以及它们之间的连线组成，绘制方法与插座平面图基本相同，下面以三居室顶棚图为例，介绍照明平面图的绘制方法。

Step01 启动 AutoCAD，打开"三居室平面顶棚图.dwg"文件，删除不需要的顶棚图形，只保留灯具和灯带，如图 5-39 所示。

Step02 复制如图 5-40 所示中的电源开关图例到如图 5-41 所示的相应位置。

图 5-39　只保留灯具和灯带的三居室平面顶棚图　　　图 5-40　电源开关符号

Step03 调用 SPLINE 命令，绘制开关和灯的连线，完成照明路线的绘制，效果如图 5-42 所示。

图 5-41　复制开关图形　　　　　　　图 5-42　绘制连线

动手操作：绘制给排水配置图

1. 绘制出水口

Step01 打开三居室平面布置图，删除平面布置图中的家具图形，效果如图 5-43 所示。

Step02 创建一个新图层——"SG_ 水管"图层，并设置为当前图层。

Step03 根据平面布置图中的洗脸盆、洗菜盆等需设出水口的位置，绘制出水口的图形，如图 5-44 所示，其中实线表示接冷水管；虚线表示接热水。

图 5-43　整理图形　　　　　　　　　　图 5-44　绘制出水口

2. 绘制热水器和冷水管

Step01 调用 PLINE 命令和 MTEXT 命令，绘制热水器，如图 5-45 所示。

图 5-45　绘制热水器

Step02 调用 LINE 命令，绘制线段，表示冷水管，如图 5-46 所示。

Step03 调用 LINE 命令，将热水管连接至各个热水出水口，注意热水管是用虚线表示的，如图 5-47 所示，至此，三居室冷热水管走向图绘制完成。

图 5-46　绘制冷水管　　　　　　　　　　图 5-47　绘制热水管

动手操作：绘制客厅立面图

通常一个房间有四个朝向，立面图可根据房屋的标识来命名，如 A 立面、B 立面、C 立面、D 立面等。下面详细介绍客厅立面图的绘制步骤。

1. 绘制 A 立面图

客厅 A 立面图展示了沙发背景墙的设计方案，其绘制完成的结果如图 5-48 所示。

图 5-48　客厅 A 立面图

Step01 新建文件，并保存为"某户型室内立面图 .dwg"。

Step02 使用"直线"命令和"偏移"命令，在绘图区域绘制如图 5-49 所示的直线。

Step03 使用"修剪"命令对直线进行修剪，结果如图 5-50 所示。

图 5-49 绘制直线　　　　　　　　　　图 5-50 修剪直线

Step04 使用"偏移"命令，绘制如图 5-51 所示的偏移直线。

Step05 使用"修剪"命令对线段进行修剪处理，结果如图 5-52 所示。

图 5-51 绘制偏移直线　　　　　　　　图 5-52 修剪偏移直线

Step06 使用"矩形"命令，绘制如图 5-53 所示的储物柜，并使用"修剪"命令修剪图形。

Step07 使用"直线""偏移"命令，绘制如图 5-54 所示的直线和偏移直线。

图 5-53 绘制储物柜　　　　　　　　　图 5-54 绘制直线和偏移直线

Step08 将本例的"图库.dwg"素材文件打开，在新窗口中复制"沙发"立面图块。在菜单栏中执行"窗口"→"某户型室内立面图.dwg"命令，切换至立面图绘制窗口，将复制的沙发图块粘贴到 A 立面图中，如图 5-55 所示。

图 5-55 复制并粘贴"沙发"立面图块

Step09 同理，按此方法陆续将花瓶、装饰画、灯具等图块插入到立面图中，结果如图 5-56 所示。

图 5-56　复制并粘贴其他图块

Step10 使用"修剪"命令修剪立面图形，结果如图 5-57 所示。

图 5-57　修剪图形

Step11 使用"填充"命令，选择CROSS图案，比例为200，对立面图进行填充，结果如图 5-58 所示。

图 5-58　填充主墙立面图

Step12 执行"填充"命令，对右侧的酒柜玻璃门进行填充，结果如图 5-59 所示。

Step13 将"标注"层设为当前层，结合使用"线性标注"命令和"连续标注"命令对图形进行标注，结果如图 5-60 所示。

技术要点：

　　尺寸标注的样式、文字样式等，可参照前面章节中介绍的步骤进行设置。

图 5-59 填充酒柜门

图 5-60 尺寸标注立面图

Step14 将"文字说明"设为当前层，执行"多重引线"命令，绘制文字说明的引线，使用"多行文字"命令创建说明文字，如图 5-61 所示。

图 5-61 创建引线和文字标注

Step15 复制"图库 16.dwg"素材文件中的"剖析线符号"到 A 立面图中。至此，完成客厅 A 立面图的绘制，结果如图 5-62 所示。

图 5-62　复制"剖析线符号"图块到 A 立面图中

2. 绘制客厅 B 立面图

客厅 B 立面图展示了电视墙、厨房装饰门、鞋柜和玄关的设计方案，其结果如图 5-63 所示。绘制客厅 B 立面图的内容主要包括：电视墙、电视、装饰门、隔断等装饰物，在绘图过程中可以使用"插入"命令插入常见的图块，绘制客厅 B 立面图的操作如下。

图 5-63　客厅 B 立面图

Step01 复制 A 立面图中的墙边线，如图 5-64 所示。

图 5-64　复制 A 立面图中的墙边线

Step02 使用"直线""偏移"命令，绘制如图 5-65 所示的直线和偏移直线。

图 5-65　绘制直线和偏移直线

Step03 使用"直线"命令，在图形右侧绘制 4 条水平直线，且不定位。

Step04 使用"参数化"功能选项卡中的"约束"功能，对 4 条直线进行定位约束，如图 5-66 所示。

图 5-66　绘制并定位直线

Step05 使用"矩形"命令，绘制 3350×80 的矩形，然后使用约束功能进行定位，结果如图 5-67 所示。

图 5-67　绘制并定位矩形

Step06 使用"直线"命令，绘制直线。再使用"修剪"命令，修剪图形，结果如图 5-68 所示。

Step07 将"图库 .dwg"素材文件中的电视机、DVD 机、电灯具器、门、工艺品图块插入到立面图中，如图 5-69 所示。

图 5-68 绘制并修剪直线

图 5-69 插入图块

Step08 插入图块后，再次对图形进行修剪，结果如图 5-70 所示。

图 5-70 修剪图形

Step09 使用"填充"命令，对 B 立面图进行填充，结果如图 5-71 所示。

AR-RROOF 图案，比例 300

AR-CONC 图案，比例 50

图 5-71 填充 B 立面图

Step10 使用"徒手画"命令绘制电视装饰台面上的大理石材质花纹，结果如图 5-72 所示。

图 5-72 徒手绘制纹理

Step11 将"标注"层设为当前层，使用"线性标注"命令和"连续标注"命令对图形进行标注，结果如图 5-73 所示。

图 5-73 标注 B 立面图形

Step12 将"文字说明"层设为当前层，使用"多重引线"命令，绘制需要文字说明的引线，结合使用"多行文字"和"复制"命令，对图形中各内容的材质进行文字说明，设置文字高度为 120，结果如图 5-74 所示。

图 5-74 标注文字

Step13 将"图库 .dwg"素材文件中的剖析线符号复制到客厅 B 立面图中，结果如图 5-75 所示。至此，完成客厅 B 立面图的绘制。

图 5-75　复制剖析线符号

3. 绘制餐厅 C 立面图

绘制餐厅 C 立面图的主要内容包括：餐桌、挂画、进户门、隔断等装饰物，在绘图过程中可以使用"插入"命令插入常见的图块，其结果如图 5-76 所示。

图 5-76　餐厅 C 立面图

Step01 复制 A 立面图的墙边线。

Step02 在菜单栏中执行"修改"→"拉伸"命令，将图形整体拉伸，操作过程如图 5-77 所示。命令行操作提示如下。

```
命令：_stretch
以交叉窗口或交叉多边形选择要拉伸的对象 ...
```

```
选择对象：指定对角点：找到 0 个
选择对象：指定对角点：找到 3 个
选择对象：✓
指定基点或 [位移(D)] <位移>：
指定第二个点或 <使用第一个点作为位移>：
>> 输入 ORTHOMODE 的新值 <1>：
正在恢复执行 STRETCH 命令。
指定第二个点或 <使用第一个点作为位移>： 4400 ✓
```

图 5-77 拉伸图形

Step03 使用"偏移"命令向右偏移左侧的垂直线段，偏移距离依次为2280和80。向上偏移水平线段，偏移距离依次为80、20、2480、50，如图5-78所示。

图 5-78 绘制偏移直线

Step04 使用"修剪"命令对线段进行修剪处理，如图5-79所示。

Step05 使用"偏移"命令将天花外框线向下偏移200，再将左边第一条垂直线向右依次偏移150和500，如图5-80所示。

图 5-79 修剪图形

图 5-80 绘制偏移直线

Step06 使用"修剪"命令对线段进行修剪处理，绘制出餐厅的灯槽图形。

Step07 使用"偏移"命令和"尺寸约束"功能绘制装饰隔板的造型，其尺寸和结果如图 5-81 所示。

Step08 在立面图中插入"图库 .dwg"素材义件中的餐桌立面装饰画图块、面图块、门立面图块、灯具图块，结果如图 5-82 所示。

图 5-81　绘制直线　　　　　　　　　　　　图 5-82　插入图块

Step09 将"标注"层设为当前层，结合使用线性标注命令和连续标注命令对图形进行标注。

Step10 将"文字说明"层设为当前层，使用"多重引线"命令创建文字说明，然后将剖析线符号复制到餐厅 C 立面图中，完成餐厅 C 立面图的绘制。最终餐厅 C 立面图完成结果，如图 5-83 所示。

图 5-83　绘制完成的餐厅 C 立面图

动手操作：绘制卧室立面图

卧室立面图展示了卧室中衣柜、床、灯具等元素的设计方案，卧室立面图如图 5-84 所示。

图 5-84　卧室立面图

Step01 新建文件，并保存为"某户型卧室立面图 .dwg"。

Step02 使用"直线"命令，绘制如图 5-85 所示的 6520×2830 的矩形。

图 5-85　绘制矩形

Step03 利用夹点模式，拉长底边直线，如图 5-86 所示。

拉长底边

图 5-86　拉长底边

Step04 使用"偏移"命令，绘制如图 5-87 所示的偏移直线。

图 5-87　绘制偏移直线

Step05 使用"修剪"命令，修剪绘制的偏移直线，结果如图 5-88 所示。

图 5-88　修剪直线

Step06 使用"直线""偏移""镜像""修剪"命令，绘制如图 5-89 所示的木条装饰图形。

图 5-89　绘制木条装饰图形

Step07 从素材中将"图库.dwg"素材文件中的衣柜、床、床头柜、台灯、书桌等图块插入到立面图中，结果如图 5-90 所示。

图 5-90 插入图块

Step08 使用"修剪"命令，将立面图与图块重合的图线修剪掉，结果如图 5-91 所示。

图 5-91 修剪图形

Step09 使用"线性标注"命令和"连续标注"命令对图形进行标注。

Step10 使用"多重引线"命令创建文字说明，并将剖析线符号复制到卧室立面图中。

Step11 最终卧室立面图完成结果如图 5-92 所示。

图 5-92 绘制完成的某户型卧室立面图

Step12 最后将绘制完成的结果保存。

动手操作：绘制厨房立面图

厨房立面图中展现了厨具、厨柜、灯具及抽油烟机等元素的布置方案，本例中厨房立面图如图5-93所示。

图 5-93　厨房立面图

Step01 新建文件，并保存为"某户型厨房立面图.dwg"。

Step02 使用"直线"命令，绘制如图5-94所示的3690×2830的矩形。

Step03 使用"偏移"命令，绘制如图5-95所示的偏移直线。

图 5-94　绘制矩形　　　　　　　　　图 5-95　绘制偏移直线

Step04 使用"修剪"命令，修剪绘制的偏移直线，结果如图5-96所示。

Step05 从素材中将"图库.dwg"素材文件中的相关图块插入到立面图中，结果如图5-97所示。

图 5-96 修剪直线

图 5-97 插入图块

Step06 使用"修剪"命令将立面图与图块重合的图线修剪，结果如图 5-98 所示。

图 5-98 修剪图形

Step07 使用"填充"命令，选择 NET 图案，比例为 80，对厨房立面图进行填充，结果如图 5-99 所示。

Step08 使用"线性标注"命令和"连续标注"命令对图形进行标注。

图 5-99 填充图案

Step09 使用"多重引线"命令创建文字说明，并将剖析线符号复制到厨房立面图中。

Step10 最终完成厨房立面图，结果如图 5-100 所示。

图 5-100　绘制完成的厨房立面图

Step11 最后将绘制完成的结果保存。

5.3 某宾馆总合详图绘制练习

　　绘制某宾馆的总台详图。详图是以室内立面图作为绘制基础的，本案例的宾馆总台三维效果图如图 5-101 所示。

图 5-101　某宾馆总台三维效果图

动手操作：绘制总台 A 剖面图

　　绘制 A 剖面图，首先要在总台外立面图中画出剖面符号，然后根据高、平、齐的原则绘制出 A 剖面图中的轮廓。总台外立面图如图 5-102 所示。

图 5-102　某宾馆总台外立面图

需要绘制的 A 剖面图，如图 5-103 所示。

图 5-103　A 剖面图

Step01 从本例源文件夹中复制"总台外立面图 .dwg"文件，重命名为"总台 A 立面图"。

Step02 打开重命名后的"总台 A 立面图 .dwg"文件。

Step03 将原始文件的"总台详图图库 .dwg"中的 A 剖面符号复制到"总台 A 立面图 .dwg"图形中，并使用"直线"命令绘制剖切线，如图 5-104 所示。

Step04 将总台外立面图左侧的尺寸标注全部删除。

Step05 使用"直线"命令，从外立面图 A 剖切线位置向左绘制水平直线，以此作为 A 立面图的外轮廓，如图 5-105 所示。

图 5-104　绘制剖切线及符号　　　　　　　图 5-105　绘制水平直线

技术要点：

从此处剖切是因为有一个装饰门洞结构需要表达。

Step06 使用"直线"命令，绘制竖直线，并使用"修剪"命令修剪直线，结果如图 5-106 所示。

图 5-106　绘制竖直直线并修剪

Step07 使用"矩形"命令，绘制如图 5-107 所示的矩形。

Step08 使用"直线"命令，绘制如图 5-108 所示的直线。

图 5-107　绘制矩形　　　　　　　　　　　　　图 5-108　绘制直线

Step09 使用"偏移"命令，绘制如图 5-109 所示的偏移直线。

Step10 使用"偏移"命令，对图形进行修剪，结果如图 5-110 所示。

Step11 从本例源文件的"总台详图图库 .dwg"文件中将图块全部复制到当前图形中，放置图块的结果如图 5-111 所示。

图 5-109　绘制偏移直线　　　　　图 5-110　修剪图形　　　　图 5-111　复制并粘贴图块

Step12 使用"图案填充"命令，在"图案填充创建"选项卡中选择 ANSI31 图案，比例为 400，填充的图案如图 5-112 所示。

Step13 删除左侧的边线，然后再添加几条直线，结果如图 5-113 所示。

Step14 图形绘制完成后，使用尺寸标注、引线和文字功能，对图形进行标注，标注完成的结果如图 5-114 所示。

图 5-112　填充图案　　　　　　　　　　　　图 5-113　添加直线

图 5-114　图形标注结果

Step15 至此，总台 A 剖面图已绘制完成，最后将结果保存。

动手操作：绘制总台 B 剖面图

　　总台 B 剖面图是以总台内立面图为基础而创建的，即在内立面图中创建剖切位置。总台内立面图如图 5-115 所示。

图 5-115　某宾馆总台内立面图

Step01 从本例素材中将"总台内立面图 .dwg"文件复制，并重命名为"总台 B 立面图"。

Step02 打开重命名后的"总台 B 立面图 .dwg"文件。

Step03 从源文件的"总台详图图库 .dwg"中，将 B 剖面符号复制到"总台 B 立面图 .dwg"图形中，并使用"直线"命令，绘制剖切线，如图 5-116 所示。

图 5-116　绘制剖切线及符号

Step04 将总台外立面图左侧的尺寸标注全部删除。

Step05 使用"直线"命令，从外立面图 A 剖切线位置向左绘制水平直线，以此作为 A 立面图的外轮廓，如图 5-117 所示。

技术要点：

从此处剖切是因为有一个装饰门洞结构需要表达。

图 5-117　绘制水平直线

Step06 使用"直线"命令，绘制竖直线，结果如图 5-118 所示。

图 5-118　绘制竖直线并修剪

Step07 使用"修剪"命令修剪直线，结果如图 5-119 所示。

图 5-119　修剪直线

Step08 使用"偏移"命令，绘制如图 5-120 所示的偏移直线，使用"实体夹点"编辑模式，拉长偏移直线。

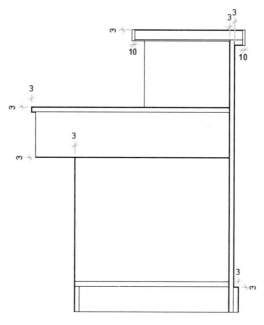

图 5-120 绘制偏移直线

Step09 将总台内立面图左侧的装饰条纹截面图形镜像，结果如图 5-121 所示。

图 5-121 镜像装饰条纹截面图形

Step10 从本例素材源文件的"总台详图图库.dwg"文件中，将 B 剖面图图块全部复制到当前图形中，放置图块的结果如图 5-122 所示。

Step11 从总体内立面图中复制台灯图形至 B 剖面图中，如图 5-123 所示。

Step12 图形绘制完成后，使用尺寸标注、引线和文字功能，对图形进行标注，标注完成的结果如图 5-124 所示。

图 5-122　插入图块　　　图 5-123　复制台灯图形　　　图 5-124　B 剖面图标注结果

Step13 至此，总台 B 剖面图已绘制完成，最后将结果进行保存。

动手操作：绘制总台 B 剖面图的 C、D 大样图

C、D 大样图是总台 B 剖面图的两个局部放大图，如图 5-125 所示，下面介绍绘制过程。

图 5-125　D、E 大样图

1. 绘制 C 大样图

Step01 从本例素材中打开"总台 B 剖面图 .dwg"文件。

Step02 使用"圆"和"直线"命令，在 B 剖面图中绘制 4 个圆及引线，如图 5-126 所示。

Step03 使用"单行文字"命令，在有中心线的两个圆内分别输入图编号文字，如图 5-127 所示。

图 5-126　在 B 剖面图中绘制圆和引线　　　图 5-127　输入大样图编号

Step04 利用窗交选择图形的方式，选择 C 编号所在位置的图形，并复制、粘贴至 B 剖面图外，如图 5-128 所示。

图 5-128　窗交选择图形

Step05 使用"修剪"命令，修剪圆形以外的图形。在菜单栏中执行"修改"→"缩放"命令，将修剪后的图形放大 4 倍，结果如图 5-129 所示。

Step06 使用"图案填充"命令，对图形进行填充，结果如图 5-130 所示。

图 5-129　修剪图形　　　　　　　图 5-130　填充图形

Step07 使用"多重引线"和"单行文字"命令，在图形中创建文字注释。引线箭头为"点"，单行文字的高度为 60。

Step08 最后在"总台详图图库"中将 C 大样图图号、图名复制到当前图形中。至此，基于总台 B 剖面图的 C 大样图绘制完成。

2. 绘制 D 大样图

Step01 在 B 剖面图中将标号 B 的部分进行窗交选择，并使用"复制"命令将其复制、粘贴到 B 剖面图外，结果如图 5-131 所示。

Step02 使用"修剪"命令，修剪圆形以外的图形。在菜单栏中执行"修改"→"缩放"命令，将修剪后的图形放大 4 倍，结果如图 5-132 所示。

图 5-131　复制图形　　　　图 5-132　修剪图形

Step03 使用"图案填充"命令，对图形进行填充，结果如图 5-133 所示。

Step04 使用"多重引线"和"单行文字"命令，在图形中创建文字注释。引线箭头为"点"，单行文字的高度为 60。

Step05 在"总台详图图库"中，将 D 大样图图号、图名复制到当前图形中。至此，基于总台 B 剖面图的 D 大样图绘制完成，如图 5-134 所示。

图 5-133　填充图案　　　　图 5-134　图形标注

Step06 绘制完成的 C、D 大样图及 B 剖面图，如图 5-135 所示。

图 5-135　总台 B 剖面图及 C、D 大样图

Step07 最后将结果保存。

动手操作：绘制总台 A 剖面图的 E 大样图

基于总台 A 剖面图的 E 大样图，其绘制方法及操作步骤与 C、D 大样图是完全相同的，详细绘图过程这里就不赘述了。按上述方法绘制完成的 E 大样图，如图 5-136 所示。

图 5-136　基于总台 A 剖面图的 E 大样图

房型改造及装修方案设计

　　随着二手房市场的升温，二手房装修也成了市场热点。二手房装修的内容一般包括水电改造、墙面翻新、吊顶处理、地板翻新、门窗翻新等工程。由于建筑时间过久，很多二手房在拆改的过程中极易出现问题，给施工造成了一定的影响。

　　本章将就这些问题展开探讨，希望能帮助大家提高方案的分析与设计能力。

　　※　二手房改造装修设计要点

　　※　小户型改造装修一室变两室案例

6.1 二手房改造装修设计要点

　　"二次装修"对于许多人来讲是一件比较头痛、麻烦的事，因为它涉及的问题比新房要多，改造起来就要脱胎换骨，尤其重要的是隐蔽工程和墙体改动后的处理，但是，只要在设计时考虑全面、合理，就能够成功地使老房旧貌换新颜。

　　作者认为，此类房屋装修的关键点在于，水路改造、电路改造、墙体改造、防水工程等。同时，要注重空间设计的合理、有效以及色彩搭配。

6.1.1　何为"二手房"

　　"二手房"是指已经在房地产交易中心备过案、完成初始登记和总登记的、再次上市进行交易的房产。

　　新建的商品房进行第一次交易时为"一手"，再次交易则为"二手"。因此，"二手房"是相对于开发商手中的商品房而言的。凡产权明晰、经过一手买卖之后再上市交易的房产均被称为"二手房"。包括商品房、允许上市交易的二手公房（房改房）、解困房、拆迁房、自建房、经济适用房、限价房。有些无房的人，可以买一套别人多余的房；而另一些手里有些积蓄又有小房子居住的人，可以卖掉旧房买新房；而那些住房富余户，也能卖掉自己的多余住房换取收益。

6.1.2　二手房装修技巧

　　相对于新房装修，二手房装修无疑在设计和施工上都增加了难度。老房子有很多的结构与新房子有很大差别，如果结构比较老，倘若大家没有对房子有足够的了解，匆忙装修之后入住，就会发现各种各样的问题纷至沓来，例如漏水、墙体开裂等问题，所以二手房装修时需要注意的问题很多。

1. 旧楼翻新改造

　　在家装过程中，有些旧房子所使用的材料有很多都已更新换代为环保材料，如遇以下情况最好更换。原墙面、顶面基层是砂灰墙的需铲除重做水泥抹灰基层。旧房电路老化需更换，由于现代生活使用电器较多，更换的电线需符合国家标准，施工时需套镀锌铁管。电线铺装时需按新设计方案分路布置，一般分为照明、低位插座、高位插座、弱电。

　　老房的原装修一般使用的都是亲水的石膏类腻子，需彻底铲除后改用耐水腻子。在征得物业服务公司同意的情况下，可以更换外窗，现在一般选用的都是塑钢窗和铝合金窗。老房水路多使用镀锌铁管和铝塑管，已满足不了现代生活的需要，水路镀锌铁管易腐蚀，对人体健康有害，已被国家禁止使用；铝塑管管件易脱落，渗水造成后期使用隐患。故现在多使用PPR管，新管路施工完毕后需要打压试验。

2. 地板表层厚度有要求

地板翻新就是通过对地板表层进行打磨、刮腻子、上漆、上蜡抛光，使旧地板恢复如新。和重新购买地板相比，旧地板适应了室内环境，稳定性更好，翻新造价也要便宜很多。但据搜房网专家介绍，并不是所有的地板都能进行翻新。强化地板表面有一层三氧化二铝耐磨层，翻新地板会破坏其耐磨层，造成地板老化加剧，所以强化地板不能翻新。只有表层厚度达到4mm的实木地板、实木复合地板和竹地板才能进行翻新。因为地板表层经过数次打磨后，会被打磨掉 1 ～ 2mm，如果地板表层太薄，就会打磨出中间层，从而影响地板的使用寿命。

3. 内外墙翻新改造

以前的房子户型结构往往不是很好，所以一些业主在购买二手房的时候，已经在谋划着要修改房屋的结构，在哪添加玄关、打通一堵墙等，因为城市中的多层住宅多是砖混结构的，所以墙体首先是承重抗震构件，其次才是围护分隔构件。如果为了扩大空间打断承重墙，将造成墙体构件的承重和抗震能力减弱，留下严重的隐患，所以随意拆改结构可能带来种种麻烦，例如墙裂、塌陷，以及电路不通等问题。

4. 内外墙翻新改造方案的新招

不要以为二手房已经有前面的业主住过，防水方面就不会出问题，实际上经常会有人在搬进二手房之后因为漏水被下层的邻居投诉。因为房子的年代过久或者原本的防水做得不好，不少二手房的卫浴空间都有漏水的现象。

建议大家在搬入二手房之前，最好在卫浴空间做一个闭水试验，检查以前的防水处理做得如何。在测试之前最好与楼下邻居打招呼，万一真的漏水，也可以取得邻居的理解和配合。如果有问题，一定要重新做防水，然后再开始贴瓷砖。

5. 水电路、燃气管线老化严重

因为以前的材质没有现在的先进，而且加上年代比较久，所以很多二手房都存在水电路老化的问题，若是事前没有进行仔细检查，很可能没住多长时间，电灯不亮了，水管又爆裂了。水电路改造是旧房改造较复杂的项目之一。装修前要仔细检查原有水路、燃气管线是否锈蚀、老化，水管应该重新换成铜管或 PPR 管。对于燃气管道这样具有危险性的管道，最好请专业人士进行检测。

6. 新刷墙面频频掉漆

为什么二手房选用名牌漆，新刷的墙面还是频频掉漆，其解决方法是粉刷之前要打好底子，直接就往墙上刷漆的方式是欠妥当的，一般都要将原有的一些斑驳的旧漆面去掉，然后在新的界面上开始粉刷，包括防水的底层等，最好请专业的施工人员，这样能更好地保障今后的使用效果。

7. 插座太少不便使用

有些人简单装修一下就搬进了二手房，但是随后就会发现，很多电器找不到插座，只好多买一些活动插座，但是太多的线路纠结在一起让人看着心烦。

现代生活，家用电器越来越多，对于插座的需求也在增加，旧房子在插座的设计方面往往难以达到现在的使用需求。因此装修时不妨多预留一些插座，方便今后的使用。

8. 阳台改厨房油烟惹人嫌

为了拓宽使用面积，有些人会将向北的阳台封闭起来，改成厨房，然后将原来的厨房做成储物间或其他用途。但是真止住进来之后，会发现只要一开始做饭，整个家中都是油烟味。

6.1.3 二手房的改造方案选择

旧房的整旧如新所涉及的问题比新房多，但是价值是巨大的，改动起来就要脱胎换骨，尤其重要的是隐蔽工程和墙体改动后的处理，但是，只要在设计时考虑全面、合理，就能够成功地旧貌换新颜。

此类房子装修的关键点在于，水路改造、电路改造、墙体改造、防水工程。同时，要注重空间设计的合理、有效、色彩搭配。

下面介绍几种二手房改造设计的方案。

1. 打通客厅与餐厅的隔断墙

让人在空间中居住得舒适，看上去舒服，这是装修之前首先要考虑的问题。空间舒适就是空间的功能和表现形式两方面的优化整合。

大多数旧楼都采用传统的砖混结构，而非现在常见的框架结构，所以在改动的时候，不能随意破坏原结构。不过经过专业施工队改造后，这间旧房重新获得了新生。

如图 6-1 所示的旧房，整体改造大方舒适、风格统一，特别值得一提的是，它打通了原客厅与餐厅之间的隔断，无形中扩大了客厅和餐厅，通透而开阔，通过巧妙的设计，并不让人感到压抑，并且充满了家的温馨感觉、自然和谐。

图 6-1　打通客厅与餐厅的隔断墙

2. 将衣帽间改为保姆间兼储物间

这是一套面积达 $153m^2$ 的三室二厅二卫的改造方案，户型图如图 6-2 所示。

图 6-2　三室二厅二卫户型

由于此套住宅内要居住房主五口人和一位保姆，把位于进门的衣帽间改成保姆间兼储物间。为了使保姆间空气流通，将原衣帽间的轻体墙拆除，下半部分是鞋柜，上半部分则装饰一条空格窗花，而中间部分起到穿衣镜的作用。

为体现素雅中式风格的朴实与稳重，色调以白色和泰柚擦色的红色为主调，同时不失对比。采光在隔断式家具布局中很关键，隔断时对昏暗部分加上适当灯光，从而解决局部照明问题，如图 6-3 所示。

图 6-3　将衣帽间改为保姆间兼储物间

3. 打破"刀把"户型

这是一套面积为 60m² 的两居室，此房是常见的老式"刀把"户型：一进门是窄窄的门厅，门厅旁边是厨房和餐厅，然后是书房，如图 6-4 所示。

图 6-4　"刀把"户型

这种结构最大的缺点就是空间狭小，于是，在二次装修中，重点就落到了户型的改造上。首先，把厨房和门厅，以及书房之间的隔断墙全部打掉，做成了开放式厨房，拓展了厨房的空间，让厨房的自然采光更好。对于卧室的改造，采用桠口和滑动门来把卧室和其他空间区别开，增加了空间的流动感。改造后的效果，如图 6-5 所示。

图 6-5　打破"刀把"户型

4. 制作局部吊顶"增加"层高

相对日渐成熟的新户型，旧居就有太多的不合理之处。层高不足的，可以用局部的墙顶面及灯光处理使之改变。例如餐区可做一面至顶的墙，又从顶延伸出来一面与餐桌同宽或少于餐桌尺寸的色彩墙，出现一个局部顶，可嵌 3 个筒灯，用调光开关控制，如图 6-6 所示。

或者使用一个纸质或铝质的单枝吊灯，这更加适合两个人的世界。居室的布置尽可能简化，旧家具能用就用，挑几件简洁、明快的收纳功能强的家具。

5. 扩大餐区，丰富起居室

此方案是老房子重新装修时的一大改动，根据房间的整体布局，把客厅与厨房相连的原有墙体拆除，在此位置增设了餐区，使空间不足的餐厅得到明显改善，厨房和餐厅区域扩大，同时也丰富了起居室的空间内容，如图6-7所示。

图6-6 制作局部吊顶　　　　　　　　图6-7 扩大餐区，丰富起居室

6.2 小户型改造装修一室变两室案例

具有相对完全的配套及功能齐全的"小面积住宅"，就是小户型，如图6-8所示。

图6-8 经典小户型

6.2.1 方案分析与图纸绘制

本例是将典型的一室一厨一卫的小户型，改造成两室一厅的布局，堪称"装修改造设计"的经典之作。

- ◆ 户主信息：三口之家，一对夫妻，男主人 35 岁，女主人 32 岁，女儿 6 岁。
- ◆ 户主要求：原来的户型三口人住着不方便，使用材料一定要环保。要给孩子增加一间儿童房，同时尽量将房子的功能集成化。

改造前的原始户型图如图 6-9 所示。根据业主的要求，做出如下改造。

原始户型图 1：100

图 6-9 原始户型图

- ◆ 打掉储物间与客厅的隔断墙，隔出 $5m^2$ 的空间用作儿童房。
- ◆ 打掉门厅与客厅的隔断墙，使客厅空间增大。
- ◆ 将客厅布置成客厅、餐厅与书房的结合体。
- ◆ 封堵卫生间与厨房相连的门，将门转向客厅。
- ◆ 打掉卫生间与客厅的部分隔断墙，新开卫生间门。
- ◆ 将原卫生间隔断，成为卫生间和沐浴室的集合体。
- ◆ 打掉厨房与客厅之间的隔断墙。
- ◆ 在厨房与阳台之间重砌隔断墙，使阳台变成储物间。

经过一系列的精心改造和布置，终于达到户主的要求。改造后的户型结构图，如图 6-10 所示。

改造方案图 1:100

图 6-10　改造方案图

按照图 6-9 的原始户型图，绘制完成后将其保存。原始户型图的绘制操作过程，可以参考本书第 3 章中介绍的方法来完成，这里就不再阐述了。

动手操作：绘制改造方案户型图

改造方案户型图在原始户型图的基础上进行绘制，下面介绍绘制过程与方法。

Step01 从本例素材中打开源文件"原始户型图 .dwg"。

Step02 在原始户型图中按要求删除部分墙体，如图 6-11 所示。

Step03 首先将客厅隔断，以此打造出儿童房空间。使用"矩形"命令，绘制出如图 6-12 所示的墙体轮廓。

图 6-11　删除部分墙体轮廓

图 6-12　隔断客厅

Step04 在卫生间及厨房打断墙和封堵墙，利用"矩形"命令绘制的轮廓线，如图 6-13 所示。

Step05 将图名更改为"改造方案图"，完成了改造方案图的绘制，结果如图 6-14 所示。

图 6-13　打断与封堵卫生间、阳台墙体　　　　图 6-14　改造方案设计图

Step06 最后将结果保存。

动手操作：绘制平面布置图

按照户主的装修要求，现在为改造的方案绘制平面布置图。

Step01 复制、粘贴改造方案图，将其重命名为"平面布置图"，以此作为平面布置图的蓝本。

Step02 使用"矩形""圆弧""直线"命令，在平面布置图中绘制门、门轨迹、立柜、衣柜等平面图形，结果如图 6-15 所示。

Step03 使用"矩形""直线"命令，在卫生间与沐浴室之间绘制铝合金双拉滑动玻璃门，如图 6-16 所示。

图 6-15　绘制柜、门平面图形　　　　图 6-16　绘制沐浴室的双拉滑动门

技术要点：

　　门的厚度一般为 50mm，门的宽度与门框的宽度相同，门轨迹半径为门的宽度。鉴于儿童房的空间限制，儿童房的门设计为滑动门。储物间与厨房均不开设门，其目的是为了让室内空间更宽敞、明亮。

Step04 从"一室变两室图库 .dwg"文件中，将所有家具、卫生洁具、电器产品等图块插入到当前的平面布置图中，结果如图 6-17 所示。

图 6-17　布置家居

Step05 至此，完成了平面布置图的绘制。

动手操作：绘制地材图

　　地材图就是地面铺装图，其以平面布置图为基础，进而利用 AutoCAD 的图案填充功能，对户型房间进行铺装。

Step01 复制平面布置图，并重命名为"地面铺装图"。除儿童房、卫生间的隔断外，将地面铺装图中的其他家居布置全部删除，结果如图 6-18 所示。

Step02 使用"直线"命令，绘制铺装分界线，如图 6-19 所示。

图 6-18 准备地面铺装图形   图 6-19 绘制铺装分界线

Step03 使用"图案填充"命令，对户型房间进行填充，结果如图 6-20 所示。

图 6-20 填充图案

Step04 至此，地面铺装绘制完成。整个户型改造方案设计全部结束，最后将设计图纸保存。

6.2.2 改造方案效果图欣赏

为了让大家更清楚前面的改造方案，下面展示各个房间的 3D 效果图。

1. 儿童房效果图

从客厅隔出来 5m² 作为儿童房，体现了客户的基本要求，把一室变为两室，效果图如图 6-21 所示。

图 6-21　儿童房

2. 卧室

卧室中，衣柜的材质为杉木指接板，背板为樟木板，不生虫。卧室布置清晰、舒适，效果图如图 6-22 所示。

图 6-22　卧室

3. 客厅、餐厅和书房的巧妙结合

客厅、餐厅、书房的巧妙结合，把一厅变为两厅，恰到好处，效果图如图 6-23 所示。

图 6-23　客厅、餐厅和书房

4. 书房书架与儿童房是共用的

书房的书架柜与儿童房共用。书柜上层摆放书与其他装饰；而儿童房一侧，书柜下方改成了孩子的床头柜，如图 6-24 所示。

图 6-24　书房书柜与儿童房共用

5. 走廊的格子空间

错落有致的格子空间，使走廊与卫生间左右相连。格子周边则以小百叶窗来装饰，如图 6-25 所示。

图 6-25　走廊的格子空间

6. 卫生间的格子空间

卫生间的格子可以摆放书籍等物品，走廊的格子则可以摆放一些心仪的物品为空间增色，如图6-26所示。

7. 卫生间与沐浴室

卫生间与沐浴室之间为玻璃滑动门，这种布置是现在许多户型设计中经常出现的，洗澡与如厕皆方便，也节省了空间，效果图如图6-27所示。

图6-26　卫生间的格子空间

图6-27　卫生间与沐浴室

8. 盥洗台

盥洗台本应布置在卫生间，但由于卫生间的空间不够，则将其位置挪到了厨房与走廊的转角。这样一来，也可用作厨房的洗手盆，实在巧妙，效果图如图6-28所示。

9. 厨房

将厨房与客厅的隔断墙打断后，厨房变得通畅、明亮了，形成一个完全敞开式的厨房，局部效果图如图6-29所示。

图6-28　盥洗台

图6-29　厨房局部效果

厨房整体效果图，如图 6-30 所示。

图 6-30　厨房整体效果图

设计家快速装修设计

利用计算机进行图像设计，已经成为一种发展趋势，这是科学技术发展的必然结果。使用计算机进行建筑效果图的绘制逐渐成为一个独立的分支，在此领域中能够借助计算机，并配合功能强大的软件，轻松而真实地再现室内设计师的创意。

本章将详细介绍使用"每平每屋·设计家"云设计平台进行快速装修设计的方法。

　※　"每平每屋·设计家"云设计平台介绍
　※　"每平每屋·设计家"云设计平台基本操作
　※　两居室户型装修效果图设计

7.1 "每平每屋·设计家"云设计平台介绍

　　"每平每屋·设计家"云设计平台（也称"设计家3D云设计"）源自于欧特克公司发布的家装设计平台——"美家达人"。

　　"美家达人"设计平台被北京居然之家及阿里巴巴共同收购后，成立每平每屋·设计家（上海）科技有限公司，被重新打造为集线上线下为一体的家居智能服务平台。

　　通过"每平每屋·设计家"云设计平台，设计师可以免费获取效果图、施工图、预算一体化的3D家装设计工具。

　　通过"每平每屋·设计家"云设计平台，消费者可以随时随地发布装修需求，找到自己满意的装修设计方案和心仪的设计师，也可以自己DIY设计自己的家。

7.1.1 "每平每屋·设计家"云设计平台欢迎界面

　　"每平每屋·设计家"云设计平台可以在网页端进行设计，也可以在英语官方网站或者中文官方网站（云平台名为"每平每屋·设计家"）中下载Windows客户端软件，安装到计算机中使用。

　　图7-1所示为"每平每屋·设计家"中文官网的界面。

图7-1　"每平每屋·设计家"中文官网

　　下载并安装3D云设计客户端后，在Windows系统桌面双击"每平每屋·设计家"图标 ，弹出软件界面窗口，只需注册一个账号，即可免费使用该软件。图7-2所示为"每平每屋·设计家

3D 云设计"客户端的欢迎界面。

图 7-2　"每平每屋·设计家 3D 云设计"客户端的欢迎界面

　　欢迎界面中，为新手和设计师提供了便捷的设计入口。下面来了解"每平每屋·设计家 3D 云设计"客户端的欢迎界面。

1. 搜索户型

　　单击"搜索户型"按钮，可以到户型库中去选择或搜索想要的户型，如图 7-3 所示，当选择一个你所需的户型后（或者相似的户型），直接进入设计界面中进行户型修改，当然也可以自由绘制户型。

图 7-3　在户型库搜索所需户型

2. 导入图片

　　单击"导入图片"按钮，可以将户型图片导入"每平每屋·设计家 3D 云设计"中进行参考建模。

3. 导入 CAD

单击"导入 CAD"按钮🔳，可导入 CAD 图纸文件到"每平每屋·设计家 3D 云设计"中进行自动建模，如果自动识别图纸后所建立的模型不符合要求，可以对其进行修改。

4. 自由绘制

在欢迎界面中单击"自由绘制"按钮🔳，可以进入"每平每屋·设计家 3D 云设计"中自由建模，也可以单击"进入工具"按钮，进入"每平每屋·设计家 3D 云设计"中进行操作。

7.1.2 "每平每屋·设计家 3D 云设计"工作界面

"每平每屋·设计家 3D 云设计"的工作界面是用户进行室内装修效果图设计的软件界面。

整个界面由 4 部分组成，包括顶部的菜单栏、左侧的边栏及数据库面板、中间绘图区域和右侧的属性面板，如图 7-4 所示。

图 7-4　"每平每屋·设计家 3D 云设计"界面

7.1.3 偏好设置

进入设计环境后，设计师可以按照设计依据和个人对软件的操作习惯，对"每平每屋·设计家 3D 云设计"界面环境进行偏好设置。

在界面左侧边栏中单击"户型"按钮展开"户型"面板。此时可以看见"户型"面板的"画墙"组的右侧有一个"墙设置"按钮⚙，单击该按钮右侧的"墙设置"按钮文字（若单击⚙按钮则无响应），可以打开"偏好设置"对话框。

"偏好设置"对话框中有 4 个选项卡，具体介绍如下。

1. "通用设置"选项卡

"通用设置"选项卡可以设置整个工作环境的单位、文件保存时间、动态智能搭配及佣金计算组件的开启与关闭等，如图 7-5 所示。

2. "设计相关设置"选项卡

"设计相关设置"选项卡主要用于设置软件环境中的背景图颜色、视图颜色、默认视图、鼠标按键等，如图 7-6 所示。

图 7-5 "通用设置"选项卡   图 7-6 "设计相关设置"选项卡

3. "墙设置"选项

在"墙设置"选项卡中可以设置墙体高度与厚度，如果后续的设计基本上采用这个参数，那么可以开启"锁墙"选项，如图 7-7 所示。

4. "定制工具设置"选项

在"定制工具设置"选项卡中可以开启"实时冲突检测"选项，当墙体重叠、物品布置重叠时此选项非常有用，如图 7-8 所示。

图 7-7 "墙设置"选项卡   图 7-8 "定制工具设置"选项卡

完成偏好设置后，单击"保存"按钮保存设置，后续打开软件时都会使用该偏好设置。

7.2 "每平每屋·设计家 3D 云设计"基本操作

在"每平每屋·设计家 3D 云设计"中，创建室内设计效果图所需的基本操作包括：户型设计、查看 3D 效果、装修房间、创建效果图、分享设计、修改设计属性、物品清单、装修室外、收藏您喜欢的产品等。

7.2.1 户型设计

利用"每平每屋·设计家 3D 云设计"设计室内效果图，首先要创建室内房型图。创建房型图的方式分两种——基于模板创建一个新的设计和基于一个空白模板创建新的设计，分别介绍如下。

1. 基于模板创建一个新的设计

"基于模板创建一个新的设计"是通过搜索想要的户型，并导入平台后重新设计的流程。例如，当你（或设计师）需要为自己（或客户）的房子进行装修设计时，可以通过户型搜索功能，搜索自己（或客户）所在小区的相似户型，打开即可快速进行装修设计。

在软件界面左侧边栏中单击"户型"按钮 ⓖ，展开"户型"面板，再单击"搜索"按钮，弹出"户型库"对话框。输入所在的小区名并进行搜索，将会显示该小区（也是由设计师上传）的所有户型，选择一个相同或相似的户型，即可进入设计界面，对打开的户型进行编辑、修改等操作，如图 7-9所示。

图 7-9　选择模板户型展开新的设计

提示：

也可以在菜单栏中执行"文件"→"从户型库新建"命令，打开"户型库"对话框。

2. 基于一个空白模板创建房型图

在欢迎界面中，单击"自由绘制"按钮或"进入工具"按钮，进入设计界面。在"户型"面板的"画墙"选项区中，利用"中线画墙""内线画墙"和"画房间"工具来绘制基本房型，如图 7-10 所示。绘制基本户型后，再利用"户型"面板中的其他工具来放置门、窗及其他房屋结构。

图 7-10　绘制基本房型

7.2.2　装修房间

房间的装修包括地板装修、吊顶装修、墙面装修、水电气装修等，简要介绍如下。

1. 地板装修

创建基本户型与房屋结构后，系统会自动为地板赋予默认材质（实木地板），用户可以重新设置材质。地板装修主要有两种方式：替换材质和自定义材质。

（1）替换材质。

在房型图的 2D 视图中，选中要编辑的房间地板，并在弹出的菜单中单击"替换"按钮，从材质库中选择新材质以替换原地板材质，如图 7-11 所示。

图 7-11　替换地板材质

用于地板装修的材质有瓷砖、木地板、石材等。

（2）自定义材质。

如果默认的材质或替换的材质还不能满足所需，还可进行自定义。在左侧边栏中单击"装修"按钮🔲，展开"装修"面板。在"全屋硬装"选项区中单击"铺贴定制"按钮🔲，然后在3D视图中选择要自定义材质的房间地板，如图7-12所示。

图7-12 选择要自定义材质的地板

随后会自动转入铺贴定制的设计模块。进行自定义材质时，可以选择合适的地砖铺贴方法和材质，地砖的铺贴方式如图7-13所示。

选择合适的铺贴方法后，可以修改其中的单砖、多砖或整体的材质，要修改材质可以单击左侧边栏中的"挑材质"按钮，会展开"挑材质"面板，其中的材质与设计环境中的材质库完全相同，如图7-14所示。

图7-15所示为选择了双砖铺贴方式+水刀拼花的地板方案的效果。

图7-13 地砖铺贴方式　　图7-14 挑材质　　图7-15 地板装修方案

完成自定义材质后，单击软件窗口左上角的"完成铺贴定制"按钮，返回主设计界面。如果不喜欢自定义的铺贴方式，可以选中地板并右击，在弹出的快捷菜单中单击"清空"按钮，即可清除自定义的材质方案，如图7-16所示。

图 7-16　清除自定义的材质

2. 踢脚线的设计

无论是地砖还是木地板，都需要在墙角安装踢脚线，除了能够保护墙角，还可以起到遮挡和美观的作用。

在"装修"面板的"全屋硬装"选项区中单击"地台"按钮 ，然后选择要设计踢脚线的房间，自动转入地台设计模块。地台包括各种线条（天花装饰线、墙面腰线和地板踢脚线）及灯槽、灯带。

在地台设计模块界面的左侧边栏选择"踢脚线"选项，展开"加线条 | 踢脚线"面板。在该面板中选择合适的踢脚线样式，在绘图区底部单击 3D 按钮切换到 3D 视图，然后选择房间中的墙面来添加踢脚线，如图 7-17 所示。其他如石膏线条、装饰线条等也按此方法进行添加即可。

图 7-17　添加踢脚线

3. 背景墙的设计

背景墙主要是客厅中放置电视这一侧的背景墙体，当然也可以对全屋的墙面进行设计。墙面的设计主要是为墙面铺贴石材、瓷砖、墙纸、墙布及喷刷涂料等。

背景墙的设计方式分两种：墙面材料替换和背景墙自定义。

（1）墙面材料替换。

首先选择背景墙或其他墙面，此时软件窗口右侧的属性面板中会显示"墙面"设置选项，如图7-18 所示。

图 7-18　属性面板中的"墙面"设置选项

　　"墙面"属性面板中有 3 个卷展栏："基础风格""踢脚线"和"石膏线"。表示所选墙面可以进行墙面的材质与颜色编辑、踢脚线与石膏线的添加。

　　其中，墙面材质可以替换为常见的墙面材质，或者喷涂颜色。在"基础风格"卷展栏中，单击"模型材质"按钮，会展开材质条。材质条中显示的是当前墙面的材质及材质编号，一般墙体的默认材质为墙漆，如图 7-19 所示。接下来在左侧展开的"替换面板"的"通用墙漆"材质库中选择新的墙漆，用于替换原有墙漆。可以在库中选择其他墙面材质以替换原有墙漆材质，如墙面材质、瓷砖、瓷砖方案、石材等，如图 7-20 所示。

图 7-19　替换墙漆

图 7-20　替换其他材质

　　还可以将墙漆颜色修改为业主喜好的颜色，在"墙面"属性面板的"基础风格"卷展栏中单击"自定义颜色"按钮，再单击颜色色块，为墙面定义一种颜色，如图 7-21 所示。

图 7-21　修改墙面漆颜色

（2）背景墙自定义。

在界面左侧"装修"面板的"全屋硬装"组中单击"背景墙"按钮▢，转入背景墙设计模块。利用图形区顶部的绘图工具，在背景墙中绘制图形，然后为图形设置凸起高度值，使平面背景墙变成具有凹凸层次的背景墙，如图 7-22 所示。

图 7-22　自定义背景墙

完成自定义背景墙设计后，单击左上角的"完成背景墙"按钮，返回主设计界面。

4. 吊顶设计

吊顶也称"天花板"，其设计方法与背景墙设计完全相同，可以替换为原有默认材质，也可以编辑颜色，还可以自定义天花板的样式造型。

旋转房屋模型，显示各房间的屋面。选中一个房间的天花板，单击"做吊顶"按钮▢，或者在"装修"面板的"全屋硬装"选项区中单击"吊顶"按钮▢，自动转入吊顶设计模块，如图 7-23 所示。

图 7-23　设计吊顶

在吊顶设计模块中，可以为屋面绘制各种图案，或者选择库中的吊顶图案，快速完成吊顶设计，如图 7-24 所示。

图 7-24　完成吊顶设计

添加吊顶图案后，可以继续为天花板添加灯槽、灯带及灯具配件等，如图 7-25 所示。完成吊顶设计后单击左上角的"完成吊顶"按钮返回主设计界面。

图 7-25　为天花板添加灯具

5. 自由造型

自由造型是利用三维建模工具对房间的地板、墙面及天花板进行自定义的造型设计。在"全屋硬装"选项区中单击"自由造型 2.0"按钮，选择要进行自定义造型的房间后，进入自由造型设计模块，模块界面如图 7-26 所示。

图 7-26　自由造型设计模块界面

利用绘图工具绘制图形并进行拉伸，完成自由造型设计，如图 7-27 所示。最后单击"完成自由造型"按钮返回主设计界面。

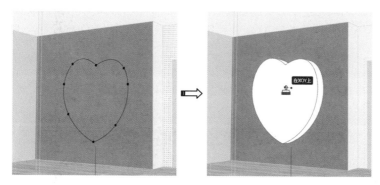

图 7-27 自由造型

6. 全屋定制

全屋定制就是根据房型和空间的大小对家居硬装和软装进行私人定制，全屋定制家居的好处就是合理利用有限空间，设计出客户满意的家居。能够全屋定制的组件包括：厨柜、衣柜、榻榻米、功能柜、装饰部件、组合柜及软装饰品等。

在"装修"面板的"全屋定制"选项区中单击"全屋定制"按钮 ▦，进入全屋定制设计模块，如图 7-28 所示。全屋定制家居包括框架的定制和构件的定制。框架的定制指厨柜柜体、衣柜床体、榻榻米床体等；而构件定制指对柜体内的构件进行合理拼装，例如柜门、柜内的板、抽屉、把手，甚至还有消毒柜、煤气罐等组件。

图 7-28 全屋定制设计模块

7. 全屋水电

全屋水电可以对整个户型中的所有房间进行水、电（强电）、气的构建与线路进行自动布局。

要布局水电，需要提前添加自来水、灯具、插座、天然气等相关设备，然后再手动布置线管。

在"装修"面板的"全屋水电"选项区中单击"水电工程2.0"按钮，进入全屋水电设计模块。添加灯具后，可以执行菜单栏中的"强电系统"→"灯控连接"命令，依次选取要建立电路的灯具，随后自动创建灯控线路，如图7-29所示。其他水、气线路的创建方法与此相同。

完成水、电、气线路设计后，单击"完成水电工程"按钮，返回主设计界面。

图7-29　创建灯控线路

8. 选择室内装修风格进行自主装修

除了上述方法可以完成室内装修设计，还可以选择适合客户喜好的风格进行自主装修。自主装修的内容包括地板、墙面及吊顶装修。自主装修的特点是速度快，缺点是家居摆放比较杂乱，需要重新摆放。自主装修的操作方法是：选中要装修的某个房间并右击，在弹出的菜单中单击"帮我设计"→"风格设置"按钮，然后选择系统提供的装修风格，再单击"确定"按钮，完成自主装修，如图7-30所示。

如果不选择风格，系统会自动选择一种随机风格进行自主装修。

图7-30　选择风格进行自主装修

7.2.3　速搭

速搭是对整个户型的所有房间或单个房间进行自主装修，比前面介绍的自主装修更全面、丰富。

进行全屋自主装修时，系统会自动判断房间名，并按照所选装修风格，在对应房间中进行快速装修。新手设计师完全可以采用这种方式进行快速装修设计。

　　在左侧边栏中单击"速搭"按钮，展开"速搭"面板。设计师可以根据户型面积、房型及装修风格来选择一种适合业主喜好的速搭类型。例如，设计师要设计的户型面积为89m²，那么选择的速搭类型尽量选择面积相同或相近的，否则装修完成后会造成装修与户型不匹配的问题。如图7-31所示为选择相似面积、户型及中式装修风格后的自主装修结果。

图 7-31　全屋速搭

7.2.4　查看 3D 效果图

　　在设计过程中，可以利用 2D/3D 切换功能，实时查看设计效果，这有助于用户快速设计操作。

　　当新建一个设计后，系统会自动创建平面视图、立面视图、顶面视图、3D 视图和漫游视图，可以在图形区的左下角选择视图来切换，例如平面视图切换到 3D 视图，如图 7-32 所示。

图 7-32　平面视图和 3D 视图的切换

所有装修设计完成后，还可以通过其他命令来操作效果图。

1. 删除图形

在效果图设计过程中，时常会出现各种错误，系统提供了多种删除的方法。

◆ 通过菜单删除：在工作区中选择要删除的家具并右击，在弹出的快捷菜单中选择"删除"

选项，如图 7-33 所示。如果是硬装构件，如木地板、墙面瓷砖等，需要在右击后弹出的快捷菜单中选择"清空"选项。

◆ 按 Delete 键删除：在工作区中选择要删除的对象，然后按 Delete 键将其删除。

◆ 通过菜单栏删除：如果需要全屋清除，可以在图形区顶部的菜单栏中执行"工具"→"清空家具"或"清空硬装"或"清空装修"等命令。

2. 装修设计分享

在菜单栏中执行"文件"→"分享案例"命令，然后就可以将系统定义的链接地址分享给家人、朋友或客户，如图 7-34 所示。

图 7-33 执行"删除"命令

图 7-34 分享设计

3. 报价清单

如果要查看设计的效果图中，到底布置了哪些家具和物品，这些装修需要花费多少钱，都可以在菜单栏中执行"导出"→"报价清单"命令，并在弹出的物品清单页面中查看，如图 7-35 所示。单击"下载清单"按钮，可将该清单保存为本地文件。

图 7-35 查看物品清单

4. 导出 CAD 图纸

当完成装修设计后，可以将装修效果图导出为图片文件或者 CAD 图纸文件，极大地方便了装修图纸的建立。

在菜单栏的"导出"菜单中执行相应的命令，可以导出图片或 CAD 图纸，如图 7-36 所示。若执行"完整施工图"命令，弹出"导出 CAD 图纸"对话框，选择导出的图纸种类、格式及图纸版本后，单击"生成 CAD 图纸"按钮，即可导出 CAD 图纸，如图 7-37 所示。

图 7-36 "导出"菜单　　　　　　　图 7-37 "导出 CAD 图纸"对话框

7.2.5 效果图渲染

效果图是给客户看的最终装修结果图，渲染效果图可让客户及时了解实际装修之后的效果，如果不满意，还可反复修改设计，直至客户满意。

在菜单栏中单击"渲染"按钮 ⊙，进入渲染设计平台，如图 7-38 所示。

图 7-38 渲染设计平台界面

要渲染效果图就必须设置相机视角，相机视角好比人的眼睛查看事物的角度，创建视角的方法包括手动创建视角和智能视角两种。手动创建视角是通过界面右上角的缩略图，将相机放置在要进行渲染的房间中，并调整相机的方位与角度。当然也可以在图形区中通过滚动鼠标滚轮和单击左键来调整相机的焦距和角度。

　　若是没有手动调整相机的方位和角度，系统也会自动创建各房间的相机视角，也就是智能视角。在图形区右侧的"视角"面板中选择一个智能相机视角，并在左侧的"渲染设置"面板中依次选择"分辨率""比例""灯光"和"外景"选项，再单击"开始渲染"按钮，即可自动完成效果图的渲染，如图 7-39 所示。

图 7-39　渲染效果图

7.3　实战案例：两居室户型装修效果图设计

　　前面详细介绍了"每平每屋·设计家 3D 云设计"的功能及操作方法，接下来参照一个户型的室内设计平面布置图来设计效果图，作为参考的平面布置图如图 7-40 所示。

图 7-40　平面布置图

7.3.1 户型设计

房间建筑模型的设计方法是，在导入 CAD 图纸后，设置好比例尺寸，然后利用相关的设计工具完成房间的布局设计。

Step01 在欢迎界面中单击"导入 CAD"按钮，在弹出的"导入 CAD 须知"对话框中单击"上传"按钮，再从本例素材源文件中打开"两居室平面布置图 .dwg"文件，如图 7-41 所示。

图 7-41　导入 CAD 图纸

Step02 根据导入的 CAD 图纸，"每平每屋·设计家 3D 云设计"会自动建立墙体及门窗构件，如图 7-42 所示。

图 7-42　自动识别图纸并建立墙体

Step03 从平面视图中并不能完全判断建立的墙体是否合理，需要在图形区左下角单击 3D 按钮，切换到鸟瞰视图，便于查看模型是否完整，如图 7-43 所示。

技术要点：

这里提示一下视图的操控方法。按下鼠标左键并拖曳可以旋转视图；按下鼠标中键并拖曳可移动视图；滚动鼠标滚轮可以缩放视图。

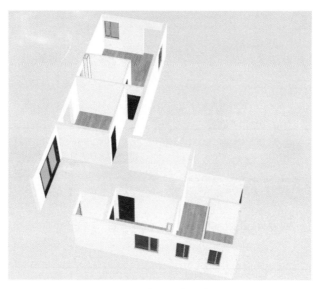

图 7-43　自动生成的墙体

Step04 如果需要自己绘制墙体，可以在弹出的信息提示框中单击"一键删除墙体"按钮，然后利用"户型"面板的"画墙"选项区中的画墙工具，重新绘制墙体。有时自动生成的墙体并不完整，可以添加缺失的部分墙体。从本例自动生成的墙体结果（图 7-43）可看出，缺少部分外墙以及门窗构件，需要增加和编辑门窗构件。

Step05 在图形区左下角单击"平面 1"按钮，切换到平面视图。

Step06 在平面视图中，可以发现有两处墙体没有封闭，包括客厅和阳台。在"户型"面板的"画墙"选项区中单击"中间画墙"按钮，在右侧的属性面板中设置"厚度"值为 200mm，然后绘制缺失的墙体。阳台的"厚度"值为 80mm、阳台墙的属性设为"矮墙"，"高度"值为 1200mm，墙体类型为"轻质砖墙"，如图 7-44 所示。

图 7-44　补充绘制墙体

Step07 修改厨房外的阳台墙高及其属性，与客厅外的阳台参数相同即可，然后删除自动添加的窗构件，如图 7-45 所示。

图 7-45 删除多余的窗构件

Step08 图纸中标明餐厅与盥洗间没有墙体隔离，需要将此处自动生成的墙体删除。

Step09 如果房间比较多，凭肉眼很难检查清楚，可以在菜单栏中执行"工具"→"检测墙体封闭"命令，借助软件的自动检测功能，检测房间中还有没有断开的墙体。

7.3.2 门窗设计

自动生成的墙体没有完全将图纸中的门窗自动识别出来，这是因为有些门窗由于部分线型没有完全封闭。在识别成功的门窗构件中，有些门窗构件的方向与图纸的门窗方向是相反的，这就需要手工添加门窗构件并编辑。

1. 替换或添加门构件

Step01 首先检查门构件，会发现室内的门虽然都识别出来了，但有些门的生成方向（开门）是反向的，需要更改，如图 7-46 所示。

图 7-46 检查门构件的生成方向

Step02 选中需要修改方向的门构件，在弹出的菜单中连续单击"翻转"按钮，直至门构件的方向与图纸中标注的方向完全相同，如图 7-47 所示。调整完成后在空白区域用鼠标单击即可结束操作。

图 7-47 调整门构件的方向

Step03 同理，对其他开门方向相反的门构件也进行相同的翻转操作。

Step04 接下来检查门构件是否合理，例如厨房门就不能安装一般的室内门，需要安装透明玻璃门或推拉门。因此，检查自动生成的门构件，发现有 4 扇门需要替换——2 扇厨房门和 2 扇卫生间门。

Step05 切换到 3D 视图。选中要替换的厨房门（连通厨房与餐厅的门），在弹出的菜单中单击"替换"按钮🔁，然后在图形区左侧显示的模型库中找到室内门材质为玻璃的推拉门构件，单击即可自动完成替换，如图 7-48 所示。

图 7-48　替换第一扇厨房门

> **提示：**
>
> 　　默认情况下，替换的门将会与原有门洞匹配，如果不需要匹配门洞，则要在右侧的属性面板中单击"恢复默认"按钮，恢复替换门的原有尺寸。

Step06 替换连通厨房与阳台的门，如图 7-49 所示。

图 7-49　替换第二扇厨房门

Step07 替换两扇卫生间门，如图 7-50 所示。

Step08 替换连通客厅与阳台之间的推拉门，如图 7-51 所示。

图 7-50　替换卫生间门构件

图 7-51　替换门构件

2. 替换或添加窗构件

Step01 在次卧室中，外墙中本应是窗，结果系统自动生成了门洞，所以选取门洞按 Delete 键将其删除，在"户型"面板的"门窗"选项区中单击"普通窗"按钮 ▭▭▭，重新添加窗构件，接着将普通窗替换为推拉窗，如图 7-52 所示。

图 7-52　替换次卧室中的窗构件

Step02 在主卧室中，参考图纸可发现两扇窗是布置在右下角，呈 L 形分布的。而自动生成的两扇窗却偏离了原始位置，另外，还自动生成了一个门洞，所以需要先删除门洞，然后将两扇窗平移到合适的位置，并将这两扇窗构件替换成其他类型的窗构件，如图 7-53 所示。

Step03 最后，发现餐厅位置的外墙中自动生成了一扇窗，图纸中却没有这扇窗，需要删除，如图 7-54 所示。

图 7-53　替换主卧中的窗构件

图 7-54　删除餐厅外墙的窗构件

7.3.3　地板、墙面及屋面装修

地板、墙面及屋面的装修设计属于装修中的硬装部分。默认情况下，软件自动生成的室内房间模型中，墙壁、屋面与地板会自动添加材质，墙壁及屋面为白色墙漆，地板为木材质。你也可以保持这种极简的风格，不做任何精装或豪华装修。

"每平每屋·设计家 3D 云设计"的室内装修分两种，一种是使用具有某种风格的样板间，另一种就是手动去贴地板、贴墙砖、吊顶、放置家居摆设等。

使用样板间（样板间包含了地板、墙面及吊顶装修）的方式非常快速，只要找到自己喜欢的风格，即可套用在你的户型中。而手动的方式其实也很方便，只是操作时间要长一些，其实就是采用前面介绍的"替换材质"方法，逐一去替换地板、墙面及顶面等。

在本例中我们将采用"速搭＋手动"的装修方法，先找到合适的装修风格，然后再对装修后的房间摆设进行修改或替换，这样就能结合了手动和自动装修方法的优点，具体的操作方法如下。

Step01 在左侧边栏中单击"速搭"按钮 ，展开"速搭"面板。

Step02 首先要确定整个户型的面积，经过计算，整个户型的套内面积为 74.54m²，而速搭中的房型面积则是开发商计算的建筑面积，还包括公摊面积在内，存在较大的偏差，可预估出本例户型建筑面积为 90m²。所以，我们在选择户型尺寸时要选择 60~100m²，房型为"2 室 2 厅 2 卫"，如图 7-55 所示。

Step03 选择了全屋速搭的装修方案后，系统自动对本例户型进行匹配，并完成装修设计，如图 7-56 所示。

图 7-55 选择户型

图 7-56 速搭方案的装修结果

Step04 参考原图纸，对家具摆设的位置进行调整，图纸中没有的家具可以根据实际情况来决定是否添加，最终调整结果如图 7-57 所示。

图 7-57 家具摆设调整结果图

Step05 屋面吊顶是自动生成的，也可以根据业主喜好来替换灯具，吊顶效果图如图 7-58 所示。

图 7-58 吊顶效果图

Step06 至此，完成了硬装及软装装修。

7.3.4 保存方案并导出 CAD 图纸

装修设计完成后，可以将室内设计方案保存在"每平每屋·设计家 3D 云设计"中。在菜单栏执行"文件"→"另保存"命令，弹出"另存设计"对话框。输入设计名称及户型的相关信息后，单击"保存"按钮，即可将方案设计保存在平台中，如图 7-59 所示。保存好的方案设计，可以在欢迎界面中随时打开，如图 7-60 所示。

图 7-59　保存设计方案　　　　　　　　图 7-60　打开我的设计方案

在菜单栏中执行"导出"→"带家具户型图"命令，可以将当前的设计导出为 png 格式文件，导出的户型图如图 7-61 所示。

图 7-61　导出户型图

在菜单栏中执行"导出"→"完整施工图"命令，弹出"导出"对话框，全选所有图纸，单击"生成 CAD 图纸"按钮，即可导出完整的 CAD 图纸，如图 7-62 所示。生成的文件以 ZIP 压缩文件格式进行保存。解压后打开一个平面图图纸文件，查看图纸效果，如图 7-63 所示。

图 7-62 导出 CAD 图纸

图 7-63 查看平面图

7.3.5 制作渲染效果图

最后利用"每平每屋·设计家 3D 云设计"制作各个房间的渲染效果图。

Step01 在菜单栏中单击"渲染"按钮 ◑ ，进入渲染设计模块，如图 7-64 所示。此视图主要用来创建相机视图，便于渲染某个房间的室内装修效果。

图 7-64 渲染设计场景

Step02 系统自动生成了各房间的多个相机视角，无须再自定义创建。在右侧"相机设置"面板的"视角"选项区中选择"客餐厅-1"相机视角，然后在左侧的"渲染设置"面板中设置分辨率、图像比例、灯光系统、外景等，如图 7-65 所示。

Step03 单击"开始渲染"按钮，开始渲染相机视图，渲染完成后，可以在图形区的右上角单击"相册"按钮 ，查看效果图渲染结果，如图 7-66 所示。

图 7-65　选择相机视角并设置渲染参数

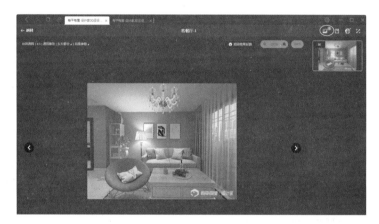

图 7-66　查看渲染效果图

Step04 此时可以进一步对渲染图进行美化，在软件窗口底部单击"美化图片"按钮，对图片进行美化，如图 7-67 所示。

图 7-67　美化图片

232

Step05 同理，选择其他相机视角创建渲染效果图。

Step06 如果需要渲染全景图、鸟瞰图及俯视图等，可以在视图窗口顶部选择"全景图""鸟瞰图"或"俯视图"选项卡，调整为最佳视图角度后，单击"开始渲染"按钮，即可渲染全景图、鸟瞰图或俯视图。如图 7-68 所示为渲染全景图。

图 7-68　创建的全景渲染图

Step07 可将渲染图下载到本地文件夹中，以供客户审阅，如图 7-69 所示。

图 7-69　下载渲染效果图

Step08 至此，利用"每平每屋·设计家 3D 云设计"完成了快速装修设计。

This is a blank lined note-taking page.

室内设计与制图（第2版）

234 设计与制图（第2版）

图纸绘制与装修施工的问题

绘制装修图纸时总会遇到一些绘图技巧或设计技术方面的问题，本章就对常见的一些问题进行汇总，供大家参考。

　　※　AutoCAD软件应用问题
　　※　装修施工中的常见问题

8.1 AutoCAD 软件应用问题

问题一：如何设置图纸

　　创建新图纸最好按照国标图幅设置图界。图形界限好比图纸的幅面，画图时在图形界限内一目了然。按图形界限绘制的图纸打印很方便，还可以实现自动成批出图。当然，有人习惯在一个图形文件中绘制多张图纸，这样设置图形界限就没有太大意义了。

　　下面就如何设置图纸进行详细描述。

Step01 设置图纸范围（打开一张公制样板图 acadiso.dwt，AutoCAD 默认图纸尺寸为 A3）。

```
命令：LIMITS（或选择下拉式菜单？格式？图形界限）
重新设置模型空间界限：
指定左下角点或 [开 (ON) / 关 (OFF)] <0.0000,0.0000>:        // 输入左下角 0,0
指定右上角点 <420.0000,297.0000>:                          // 输入右上角（例如 297,210）
```

提示：

相关图纸图幅的比例，如图 8-1 所示。

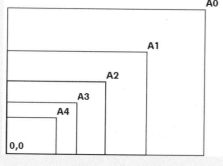

规格	X	Y
A0	1189	841
A1	841	594
A2	594	420
A3	420	297
A4	297	210

图 8-1　相关图纸图幅比例

Step02 将设置范围显示于窗口上。

```
命令：ZOOM
指定窗口角点，输入比例因子（nX 或 nXP），或
[全部 (A) / 中心点 (C) / 动态 (D) / 实际范围 (E) / 上一个 (P) / 比例 (S) / 窗口 (W)]<实时>:
// 输入 A，显示全部图纸范围
正在重生成模型。
```

Step03 绘制图框线。

```
命令：RECTANG
指定第一个角点或 [倒角⊙/标高(E)/圆角(F)/厚度(T)/宽度(W)]：?输入左下角 0,0
指定另一个角点或 [尺寸(D)]： ?输入右上角(例如 297,210)
```

问题二：如何设置光标十字线

有时，在绘图过程中需要将十字光标的线设置为无限长，便于设计师快速找到水平或垂直位置，也便于快速查看图形、图线之间的位置关系。例如图 8-2 所示的两个矩形，肉眼是无法判断出两个图形是否水平对齐的。

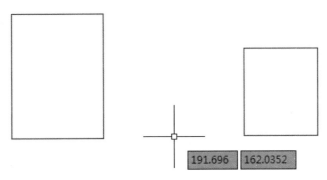

图 8-2　无法判断图形是否对齐

因此，只要设置一下十字光标线，即可判断出两个矩形是否对齐了，具体操作如下。

Step01 在菜单栏中执行"工具"→"选项"命令，打开"选项"对话框。

Step02 在"显示"选项卡中，设置"十字光标大小"的参数为100，或者向右拖曳滑块至最右侧，如图 8-3 所示。

图 8-3　调整十字光标的大小

Step03 单击"确定"按钮后，十字光标线就会发生改变，此刻可以看到两个矩形是没有水平对齐的，如图 8-4 所示。

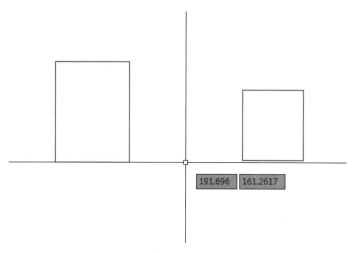

图 8-4　根据十字光标线判断图形是否对齐

问题三：如何测量封闭图形的面积和周长

相连的封闭图形，利用多段线编辑（PEDIT）成一个对象再求面积和周长，如图 8-5 所示。

Step01 将所有对象编辑成一个封闭的多段线，命令行操作如下。

```
命令：PEDIT
选择多段线或 [多条 (M)]:                    // 选择对象 1
选定的对象不是多段线
是否将其转换为多段线？<Y>:                   // 按 Enter 键
输入选项 [打开 (O) / 合并 (J) / 宽度 (W) / 编辑顶点 (E) / 拟合 (F) / 样条曲线 (S) / 非曲线化 (D) /
线型生成 (L) / 放弃
(U)]:                                       // 输入选项 J
选择对象：                                   // 框选范围 2、3，如图 8-6 所示。
选择对象：                                   // 按 Enter 键退出选择，11 条线段已添加到多段线
输入选项 [打开 (O) / 合并 (J) / 宽度 (W) / 编辑顶点 (E) / 拟合 (F) / 样条曲线 (S) / 非曲线化 (D) /
线型生成
(L) / 放弃 (U)]:                            // 按 Enter 键退出选择。
```

图 8-5　图形

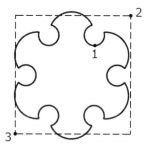

图 8-6　框选对象

提醒一下

也可以利用 REGION 命令，为图形建立面域。

```
命令：REGION
选择对象：                                    // 框选点 2 至点 3
选择对象：                                    // 按 Enter 键退出选择
已提取 1 个环。
已创建 1 个面域。                             // 完成面域建立
```

Step02 求多段线面积，命令行操作如下。

```
命令：AREA
指定第一个角点或 [ 对象 (O) / 加 (A) / 减 (S) ]：      // 输入选项 O
选择对象：                                         // 选择封闭多段线
面积＝ 8550.9368，  周长＝ 590.3728
```

> # 提示：
>
> 由 PEDIT 编辑的为一个线框架对象，由 REGION 命令建立的为一个薄板面，二者是不同性质的对象。

问题四：如何完成面积相加减

如图 8-7 所示，求斜线区域的面积。

图 8-7　要计算面积的图形

命令行操作提示如下。

```
命令：AREA
指定第一个角点或 [ 对象 (O) / 加 (A) / 减 (S) ]：      // 输入选项 A
指定第一个角点或 [ 对象 (O) / 减 (S) ]：              // 输入选项 O
( | 加 | 模式 ) 选择对象：                           // 选取直径为 100 的圆
面积＝ 7853.9816，圆周长＝ 314.1593                  // 直径 100 的圆面积和周长
总面积＝ 7853.9816                                 // 当前面积计算结果
( | 加 | 模式 ) 选择对象：                           // 按 Enter 键退出面积加入
指定第一个角点或 [ 对象 (O) / 减 (S) ]：              // 输入选项 S
指定第一个角点或 [ 对象 (O) / 加 (A) ]：              // 输入选项 O
( | 减 | 模式 ) 选择对象：                           // 选取直径为 20 的圆
面积＝ 314.1593，圆周长＝ 62.8319                    // 直径为 20 的圆的面积和周长
总面积＝ 7539.8224                                 // 当前面积计算结果
( | 减 | 模式 ) 选择对象：                           // 选取直径为 30 的圆
面积＝ 706.8583，圆周长＝ 94.2478                    // 直径为 30 的圆的面积和周长
总面积＝ 6832.9640                                 // 当前面积计算结果
( | 减 | 模式 ) 选择对象：                           // 按 Enter 键退出选择
指定第一个角点或 [ 对象 (O) / 加 (A) ]：              // 按 Enter 键退出选择
```

问题五：由数个对象围成的长度和面积的计算

求如图 8-8 所示的图形最外围所围成的面积或周长（答案：面积＝9135.6845，周长＝481.0445）。

图 8-8　要计算面积或周长的图形

Step01 先将图形修剪，只剩最外围图形，如图 8-9 所示。

图 8-9　修剪图形

Step02 执行多段线命令，将图形编辑成一个封闭对象，命令行操作提示如下。

```
命令：PEDIT
选择多段线：                          // 选取对象 1
选定的对象不是多段线
是否将其转换为多段线？<Y>：            // 按 Enter 键
输入选项
[打开 (O) / 合并 (J) / 宽度 (W) / 编辑顶点 (E) / 拟合 (F) / 样条曲线 (S) / 非曲线化 (D) / 线型生成
(L) / 放弃 (U)]：                     // 输入选项 J
选择对象：                            // 框选范围 2、3，如图 8-10 所示。
选择对象：                            // 按 Enter 键退出选择
8 条线段已添加到多段线
输入选项
[打开 (O) / 合并 (J) / 宽度 (W) / 编辑顶点 (E) / 拟合 (F) / 样条曲线 (S) / 非曲线化 (D) / 线型生成
(L) / 放弃 (U)]：                     // 按 Enter 键退出选项
```

图 8-10　框选对象

Step03 求多段线面积。

```
命令：AREA
指定第一个角点或 [对象 (O) / 加 (A) / 减 (S)]：          // 输入选项 O
选择对象：                                            // 选择封闭多段线
面积＝9135.6845，周长＝481.0445
```

Step04 也可以执行 BPOLY 命令从封闭空间中选择一点，快捷得到封闭对象，或者用 REGION 命令为图形建立为面域。

问题六：如何求距离和点坐标

求如图 8-11 所示的图形，条件如下。

1. A 绝对坐标为 50,50 请问 B 坐标为多少？

2. A 到 C 距离为多少？

3. B 到 C 的差值为多少？

图 8-11　图形

Step01 解答第一个问题。执行"移动"（MOVE）命令，将图形移至正确位置。

```
命令：MOVE
选择对象：                              // 选择图形
选择对象：                              // 按 Enter 键退出选择
指定基点或位移：  // 选择基点 A
指定位移的第二点或 < 用第一点作位移 >：        // 输入位移点值 50,50
```

Step02 执行 ZOOM 命令的选项 E，将窗口缩放至图形的最大范围，找到被移动的图形。

Step03 执行 ID 命令，查询点位置。

```
命令：ID
指定点：                                // 选择点 B
X = 85.4113 Y = 90.1478 Z = 0.0000       // 查询结果
```

Step04 解答第二个问题。执行 DIST 命令测量 A 到 C 的距离。

```
命令：DIST
指定第一点：                            // 选择点 A
指定第二点：                            // 选择点 C
距离 = 100.0000，XY 平面中的倾角 = 37，与 XY 平面的夹角 = 0
X 增量 = 80.0000，Y 增量 = 60.0000，Z 增量 = 0.0000
```

Step05 也可以以对齐方式 DIMALIGNED 标注，来求得距离，如图 8-12 所示。

```
命令：DIMALIGNED
指定第一条尺寸界线原点或 < 选择对象 >：     // 选择点 A
指定第二条尺寸界线原点：                  // 选择点 C
指定标注线位置或
[ 多行文字 (M) / 文字 (T) / 角度 (A)]：      // 选择尺寸位置点
标注文字 = 100
```

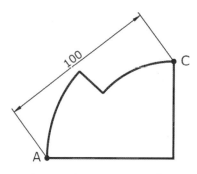

图 8-12　标注两点之间的举例

提示：

标注值如果需要更精确的小数时，可以执行 DIMSTYLE 命令来设置，或者激活尺寸标注夹点，单击鼠标右键弹出快捷菜单，可以设置该标注值的小数数位。

Step06 解答第三个问题。执行 DIST 命令测量 B 到 C 的偏移值，如图 8-13 所示。

```
命令：DIST
指定第一点：                            // 选择点 B
指定第二点：                            // 选择点 C
距离＝48.8084，XY 平面中的倾角＝24，与 XY 平面的夹角＝0
X 增量＝44.5887，Y 增量＝19.8522，Z 增量＝0.0000
```

图 8-13　测量得到的结果

Step07 也可以用 DIMLINEAR 命令来求得距离。

```
命令：DIMLINEAR
指定第一条尺寸界线原点或 <选择对象>：         // 选择点 B
指定第二条尺寸界线原点：                      // 选择点 C
指定标注线位置或
[多行文字 (M)/文字 (T)/角度 (A)/水平 (H)/垂直 (V)/旋转 (R)]：   // 移动光标往上选择一点
标注文字 =44.59
命令：DIMLINEAR
指定第一条尺寸界线原点或 <选择对象>：         // 选择点 B
指定第二条尺寸界线原点：                      // 选择点 C
指定标注线位置或
[多行文字 (M)/文字 (T)/角度 (A)/水平 (H)/垂直 (V)/旋转 (R)]：   // 移动光标往右选择一点
标注文字 =19.85
```

问题七：利用 AutoCAD 设计中心添加内容到工具选项板

可以将设计中心中的图形、块和图案填充添加到当前的工具选项板中。向工具选项板中添加图形时，如果将它们拖曳到当前图形中，那么被拖曳的图形将作为块被插入。

Step01 在菜单栏中执行"工具"→"选项板"→"设计中心"命令，打开"设计中心"选项板。

Step02 在"文件夹"选项卡的树状图中，选中要打开图形文件的文件夹，在项目列表框中显示该文件夹中的所有图形文件，如图 8-14 所示。

图 8-14　选中要显示图形的文件夹

Step03 在项目列表框中选中项目，并选择快捷菜单中的"创建工具选项板"选项，弹出"工具选项板"面板，新的工具选项板将包含所选项目中的图形、块或图案填充，如图 8-15 所示。

图 8-15　创建新的工具选项板

Step04 但新建的工具选项板中没有弹簧块，可以在设计中心拖曳弹簧图形文件到新建的工具选项板中，如图 8-16 所示。

图 8-16　拖动图形到新工具选项板中

8.2 装修施工中的常见问题

　　看了这么多装修案例，总会发现一些问题，有的是材料问题，有的是施工质量问题，当然还有很多所谓的正规装修公司的合约问题、价格问题，等等。本节是希望能够给大家一个参考，也是给想装修的、不懂装修的人一个提示或借鉴，让大家少走弯路，省钱、省心、不被坑，这是笔者最大的心愿，如图8-17所示。

图 8-17　装修中的常见问题

装修施工中常见问题一：水路关键节点深化处理

　　在卫生间、厨房的出水管、进水管根部，马桶、台盆地漏的出水管与地砖粘结层之间的空隙，卫生间地漏四边与地砖之间的缝隙，淋浴区的挡水石缝隙，门槛石两端缝隙，墙体四周阴角和门槛石处，应采用做 R 角的施工工艺，如图8-18所示。

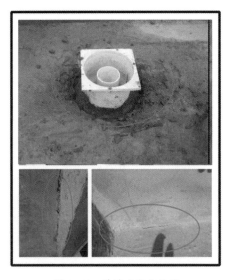

图 8-18　关键点强化处理

装修施工中常见问题二：墙面受潮处理

厨房及卫生间若未涂刷防腐、防水材料，受潮之后稳定性存在巨大隐患，如图 8-19 上图所示。因此，厨房与卫生间的墙面和地面必须做防水、防腐处理。

在施工现场，泥砂严禁靠墙（已装修的墙面）堆放，墙面受潮后易引起腻子返碱、墙纸发霉等问题，如图 8-19 下图所示。

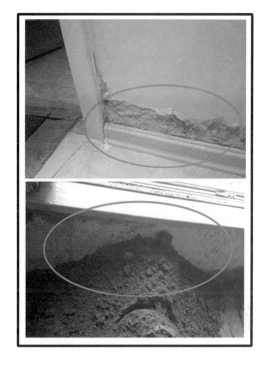

图 8-19　墙面受潮

装修施工中常见问题三：木方与墙面固定方法错误

在木工装修时，木龙骨与墙面固定时通常会采用铁钉、枪钉或钢排钉进行固定，此方法虽暂时起到固定作用，久而久之会因其他自然因素降低固定效果，建议采用在墙上打木楔再用足够长度的螺钉固定，或者直接用膨胀螺丝固定，如图 8-20 所示。

图 8-20　木方与墙面的固定方法

装修施工中常见问题四：不合规地使用花线

根据施工现场临时用电安全技术规范 7.2.4 规定：电缆类型应根据敷设方式、环境条件选择。埋地敷设宜选用铠装电缆；当选用无铠装电缆时，应能防水、防腐；架空敷设宜选用无铠装电缆。

施工现场若使用花线，不能防水、防火，存在严重的安全隐患，宜使用地拖线，如图 8-21 所示。

图 8-21　违规使用花线

装修施工中常见问题五：线管、水管布置不到位

现场线管、给水管布管后的固定及管与管间距不到位的现象普遍，管的固定应采用专用管卡，管卡间距应小于 1000mm，终端或转弯处应在 150～500mm，中间间距均匀，管与管间距应大于 15mm，以此避免线槽敷设后的空鼓、开裂现象出现。线槽敷设前应将边缘做凿毛处理，以免敷设后开裂，如图 8-22 所示。

图 8-22　线管、给水管布管不到位

装修施工中常见问题六：电线裸露敷设

有些施工人员为了偷工减料，直接将电线裸露直埋或穿墙，正确的做法是：待穿线和布管完成并经隐蔽验收合格后方能进行电线敷设，如图8-23所示。

图 8-23　穿线布管步骤错误

装修施工中常见问题七：地砖泡水要使用专用容器

许多施工现场，装修人员图省事，直接在厨房、卫生间的低洼地灌水泡砖，这么做可能会破坏防水。泡砖要用专用容器，盛水要漫过砖，使砖吃水充足，可以避免砂灰提前干裂导致地砖空鼓，如图8-24所示。

图 8-24　泡砖需要使用专用容器

装修施工中常见问题八：墙面浮灰及颗粒要及时处理

在粘贴墙布或墙纸之前，需要及时清洁和处理腻子打磨后的墙面，然后才可涂刷墙纸基膜，这样即可避免墙纸或墙布粘贴之后出现的局部不平整、颗粒凸起等问题，如图 8-25 所示。

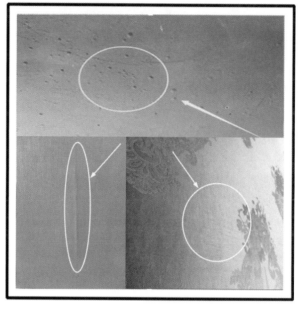

图 8-25　墙面浮灰及颗粒未处理

装修施工中常见问题九：墙纸粘贴接缝明显

墙纸粘贴出现大小头、接缝明显等问题，主要原因是施工时墙纸或墙布处在吸胶状态，经过一段时间后，墙纸、墙布因变干而收缩，墙纸、墙布的接头就会变大拉开。此外，施工不当也会造成拼缝没有拼贴到位、缝隙变大等问题，如图 8-26 所示。

图 8-26　墙纸粘贴处接缝明显

装修施工中常见问题十：瓷砖排砖不符合铺贴规范

有些贴砖师傅因考虑不周，往往造成排砖不规范，特别是厨房、卫生间及客餐厅、卧室的角落经常会出现这种情况。

在贴砖之前，需要进行排砖方案的设计。例如卫生间的瓷砖规格不宜过大，一般来说，墙、地砖排版时非整砖应不小于整砖的 1/3 为宜，也就是不要出现小于 1/3 的窄列，如图 8-27 所示。

图 8-27　排砖不符合规范

装修施工中常见问题十一：提高加工成品的保护意识

施工现场人员对装修加工的成品保护的意识要提高，施工时要做好成品保护，若发现局部有损坏的应及时修复，最好是安排专人对成品进行检查保护，发现损坏及时修复，加强现场施工方案的落实并实施，如图 8-28 所示。

图 8-28　成品保护

装修施工中常见问题十二：涂漆界线不清晰

天棚吊顶时刷面漆，刷出了顶棚界限，在墙面砖上留下了较多的面漆，这种情况较多见。施工前应将砖面用美纹纸或其他遮挡物进行成品保护，使阴角收口界线成一条直线，涂刷完成后撕掉保护纸即可保证刷漆规范且墙面干净，如图8-29所示。

图8-29　涂漆界面不清晰

装修施工中常见问题十三：墙角的R角处理

卫生间墙脚的阴角处需要制作高度为20mm的R角，建议采用25管进行辅助施工，不宜太高，避免影响墙地砖粘贴标高，如图8-30所示。

图8-30　阴角、R角处理不当

装修施工中常见问题十四：墙面返出

建议在门洞侧面上返300mm，门槛石四周涂刷防水封堵，地面返出300mm。另外，在淋浴房石材反坎下方设置第一道止水坎，门槛石下方设置第二道止水坎，形成整体封闭，如图8-31所示。

图8-31 墙面返出

装修施工中常见问题十五：基层面润湿处理

墙面基层找平找方（薄贴），孔洞、毛刺、缝隙等修补处理，下水管、出水管管根的孔洞修补到位，清洁清理到位后进行基层面润湿，如图8-32所示。

图8-32 基层处理

装修施工中常见问题十六：墙面润湿处理

　　墙面在抹灰之前要进行润湿处理，否则抹灰后会起泡，润湿后加强了抹灰的黏性，墙面也有吸水性，润湿后不会吸收水泥浆中的水分，保证了质量。

　　墙面润湿的要求是基面无明水，高温时和西晒部位应延长润湿时间和润湿次数，如图8-33所示。

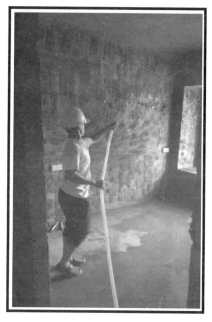

图 8-33　墙面润湿

装修施工中常见问题十七：墙面防水材料的配比

　　防水材料具有一定的延伸性、弹塑性、抗裂性、抗渗漏性及耐候性等，起到防水、防渗漏的作用。防水材料的配比直接关系到施工墙面的防水效果。

　　施工人员要严格按照防水材料要求进行配比，同时在搅拌过程中做好地面的成品保护，如图8-34所示。

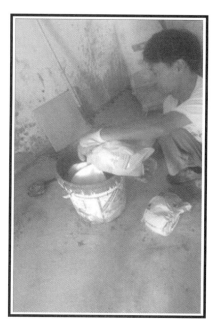

图 8-34　材料配比

装修施工中常见问题十八：墙面及墙角的涂刷

采用滚筒或刷子进行涂刷施工时，先横向刷第一遍，再竖向刷第二遍，最后横向涂刷第三遍，保证厚度大于1.2mm，墙角处不应堆积防水残料，下水口及出水口管根处要进行涂刷强化处理。涂刷完成后在门口设置隔离板阻挡人员进入，以免损坏漆面，如图8-35所示。

图8-35　墙面涂刷